U0183159

看图是个技术活——工程施工图识读系列

如何识读给水排水施工图

主　编　吴　昊

副主编　张莉莉

参　编　李亭亭　朱　江　刘礼达

主　审　张　平

机械工业出版社

本书系统地介绍了建筑给水排水施工图的基本概念和专业知识，对相关制图标准和建筑给水排水的基本知识做了简要的介绍，重点对建筑给水排水施工图的阅读方法、要领和技巧进行了详细的说明讲解，同时列举了大量的给水排水施工图图例和工程实图，并结合这些图进行了有针对性的解读，以便读者能在短时间内掌握给水排水施工图的识读方法。

本书适合从事建筑给水排水工程的相关技术和施工作业人员阅读，对相应专业院校的师生也有很好的借鉴和参考价值。

图书在版编目（CIP）数据

如何识读给水排水施工图/吴昊主编 . —北京：机械工业出版社，2021. 1
（2024. 7 重印）

（看图是个技术活. 工程施工图识读系列）

ISBN 978-7-111-66505-2

Ⅰ.①如…　Ⅱ.①吴…　Ⅲ.①给排水系统–工程施工–识图
Ⅳ.①TU82

中国版本图书馆 CIP 数据核字（2020）第 171804 号

机械工业出版社（北京市百万庄大街 22 号　邮政编码 100037）
策划编辑：薛俊高　责任编辑：薛俊高　李宣敏
责任校对：刘时光　封面设计：张　静
责任印制：单爱军
北京虎彩文化传播有限公司印刷
2024 年 7 月第 1 版第 2 次印刷
184mm×260mm · 8. 75 印张 · 214 千字
标准书号：ISBN 978-7-111-66505-2
定价：35. 00 元

电话服务　　　　　　　　网络服务
客服电话：010-88361066　机　工　官　网：www. cmpbook. com
　　　　　010-88379833　机　工　官　博：weibo. com/cmp1952
　　　　　010-68326294　金　书　网：www. golden-book. com
封底无防伪标均为盗版　机工教育服务网：www. cmpedu. com

前言
Perface

随着我国经济的快速发展，建筑技术水平得以迅速提高。不计其数的建筑在我国大地上拔地而起，建筑工程的规模也日益扩大。大批建筑从业者中的新人在工作实践中非常渴望学习一些技能知识。对于施工人员，快速和准确地识读给水排水施工图是一项基本技能。为保证设计构思的准确实现，保证工程的质量，必须充分重视给水排水施工图的识读。尤其是对于刚参加工作的施工人员，迫切希望了解建筑的基本构造，看懂施工图，以适应工作需要。

为了帮助建筑工人和工程技术人员，特别是刚参加工作的施工人员系统地了解和掌握识读施工图的方法，我们参与编写了"看图是个技术活——工程施工图识读系列"丛书。

本书系统地介绍了建筑给水排水施工图的基本概念和专业知识，涉及相关制图标准、建筑给水排水的基本知识，以及建筑给水排水施工图的阅读方法、要领和技巧，列举了大量给水排水施工图的图例和工程实图，以便读者能在短时间内掌握给水排水施工图的识读方法。

怎样看懂给水排水施工图，方法是掌握给水排水设备的作用、流程、图样表示方法，识图的规律和要点，结合设备实物、设备施工安装图，深入工程现场反复练习，反复图物对照，找出规律，肯下功夫，必能奏效。在阅读本书时，希望读者认真结合书中工程实例，以及书中的文字内容和有关示意图，对各种图样的原理、作用、组成认真加以研究，以达到看懂给水排水施工图事半功倍的效果。

本书特色：采用工程实例说明给水排水施工图的识读方法；内容包括一些新技术、新知识，如同层排水、后排水及原理图等。

本书由吴昊任主编、张莉莉任副主编、张平主审。本书具体编写分工：朱江编写第1章，张莉莉、刘礼达编写第2章、第3章，李亭亭编写第4章、第5章，吴昊编写第6章，全书由吴昊统稿。

在编写本书的过程中，参考和引用了大量文献资料，在此谨向相关作者表示衷心的感谢。由于编者水平有限，书中难免有不妥之处，恳请读者不吝赐教。

编　者

目录
Contents

第1章　建筑施工图

建筑施工图是为建筑工程所用的，一种能够十分准确地表达出建筑物的外形轮廓、大小尺寸、结构构造和材料做法的图样。建筑施工图一般包括建筑总平面图、建筑平面图、建筑立面图、建筑剖面图、节点详图等内容，并主要采用正投影法绘制。

1.1　建筑总平面图

建筑总平面图是表明建筑物建设所在位置的平面状况的布置图，是表明新建房屋及其周围环境的水平投影图。它主要反映新建房屋的平面形状、位置、朝向且与周围地形、地貌的关系等。在建筑总平面图中用一条粗虚线来表示用地红线，所有新建、拟建房屋不得超出此红线，并满足消防、日照等规范。建筑总平面图中的建筑密度、容积率、绿地率、建筑占地、停车位、道路布置等应满足设计规范和当地规划局提供的设计要点，其常用的比例是1∶500、1∶1000、1∶2000等。

1. 建筑总平面图的内容

建筑总平面图的基本内容包括：

1）新建建筑物，拟新建建筑物用粗实线框表示，且在线框内用数字或黑点表示建筑层数，并标出标高。

2）新建建筑物的定位，通常是利用原有建筑物、道路、坐标等来定位。

3）新建建筑物的室内外标高。我国把青岛市外的黄海海平面作为零点所测定的高度尺寸，称为绝对标高。在建筑总平面图中，用绝对标高表示高度数值，单位为"m"。

4）相邻有关建筑、拆除建筑的位置或范围。原有建筑用细实线框表示，且在线框内，也用数字表示建筑层数。拟建建筑物用虚线表示。拆除建筑物用细实线表示，并在其细实线上打叉。

5）附近的地形地物，如等高线、道路、水沟、河流、池塘、土坡等。

6）指北针和风向频率玫瑰图。

7）绿化规划、管道布置。

8）道路（或铁路）和明沟等的起点、变坡点、转折点、终点的标高与坡向箭头。

以上内容并不是在所有建筑总平面图上都是必需的，可根据具体情况加以选择。例如，对于一些简单的工程，可以不必绘制等高线、坐标网或绿化规划和管道布置等。

2. 建筑总平面图常用图例

建筑总平面图通常采用较多的图例符号来表达需要给出的内容，因此我们必须熟悉其常用的图例。现行国家标准《总图制图标准》GB/T 50103中的部分图例见表1-1，当绘制的建筑总平面图中采用了非现行国家标准规定的自定图例时，则必须在建筑总平面图中另行说明，并注明所用图例的含义。

表 1-1　建筑总平面图常用图例（部分）

名称	图例	备注
新建建筑物	$X=$ $Y=$ ① 12F/2D H=59.00m	1. 新建建筑物以粗实线表示与室外地坪相接处 ±0.00 外墙定位轮廓线 2. 建筑物一般以 ±0.00 高度处的外墙定位轴线交叉点坐标定位。轴线用细实线表示，并标明轴线号 3. 根据不同设计阶段标注建筑编号，地上、地下层数，建筑高度，建筑出入口位置（两种表示方法均可，但同一图样采用一种表示方法） 4. 地下建筑物以粗虚线表示其轮廓 5. 建筑上部（±0.00 以上）外挑建筑用细实线表示 6. 建筑物上部连廊用细虚线表示并标注位置
原有建筑物		用细实线表示
计划扩建的预留地或建筑物		用中粗虚线表示
拆除的建筑物		用细实线表示
围墙及大门		—
坐标	1. $X=105.00$ $Y=425.00$　2. $A=105.00$ $B=425.00$	1. 表示地形测量坐标系 2. 表示自设坐标系 坐标数字平行于建筑标注
方格网交叉点标高	-0.50 ｜ 77.85 ／ 78.35	"78.35" 为原地面标高 "77.85" 为设计标高 "-0.50" 为施工高度 "-" 表示挖方（"+" 表示填方）
室内地坪标高	151.00 ▽（±0.00）	数字平行于建筑物书写
室外地坪标高	▼ 143.00	室外标高也可采用等高线
原有的道路		—
棕榈植物		—

建筑总平面图中对于建筑物的朝向一般采用两种方式进行表达，一种方式是采用指北针，其形式国家标准规定如图 1-1a 所示。另一种方式为采用风玫瑰图，其形式如图 1-1b 所示，风玫瑰是建筑总平面图上用来表示该地区年风向频率的标志。它是以十字坐标定出东、西、南、北、东南、东北、西南、西北等 16 个方向后，根据该地区多年平均统计的各个方向吹风次数的百分数值，绘制成的折线图也称为风频率

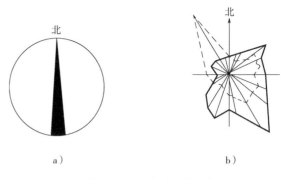

图 1-1 指北针和风玫瑰的表示方法

玫瑰图，简称风玫瑰图。图上所表示的风的吹向，是指从外面吹向地区中心的。风玫瑰的形状如图 1-1b 所示，此风玫瑰图说明该地多年平均的最大频率风向是西北风。虚线表示夏季的主导风向。

3. 建筑总平面图识读

现以图 1-2 所示某小区的建筑总平面图为例，说明建筑总平面图的主要内容和阅读方法。

（1）首先识读出新建建筑和其朝向 从图 1-2 中可以看出共有四栋房屋采用粗实线绘制，表明这四栋房屋均为新建的建筑物，房屋层数均为 4 层（房屋右上角有 4 个黑点表示）。通常情况下，新建房屋的朝向由建筑总平面图中的指北针或带有指北针的风玫瑰图来确定。本示例中，采用带指北针的风玫瑰图表示整个建筑小区的朝向，新建建筑均为坐北朝南的方向。并从风玫瑰图上可知该地区常年主导风向为西北风，这可作为施工人员在安排施工时的一项考虑因素。

（2）其次判定新建建筑物的定位 新建建筑物和构筑物的定位通常通过三种方式：

1）以测量坐标定位，用细实线画出交叉十字坐标网格，用"X, Y"表示测量坐标。

2）以施工坐标定位，用细实线画出网格通线，用代号"A, B"表示施工坐标。

3）以与原有建筑的相对位置定位，用线性尺寸标注出与原有建筑的距离，来确定新建建筑的位置。

在本例中，新建建筑物的定位采用第一种方式，即用"X, Y"表示新建建筑的准确坐标。在图 1-2 中标注了新建建筑的西南角的坐标，分别为 $X=75.00$ 和 $Y=102.00$，$X=75.00$ 和 $Y=140.00$，$X=28.00$ 和 $Y=102.00$，$X=28.00$ 和 $Y=140.00$，坐标值以"米"为单位。

（3）看尺寸和标高 建筑总平面图中的标高和距离等尺寸通常以"米"为单位，取小数点后两位，不足时以"0"补齐。图 1-2 中新建建筑距离小区西侧的住宅 25.00m。建筑物东西方向的总长为 11.46m（轴线距离），南北方向的总长为 12.48m（轴线距离）。在建筑总平面图中应标注新建建筑首层地面和室外整平地坪的绝对标高。本例中新建建筑的首层地面 ±0.00 的绝对标高为 48.30m，而建筑物的室外整平地坪绝对标高为 48.00m，室内外高差为 0.3m。

（4）看与房屋建筑有关的事项 如新建建筑周围的道路、现有室内水源干线、下水管道干线、电源可引入的电杆位置等（图 1-2 中除道路外均未有标出，这是泛指）。如图 1-2 中还有等高线、绿化、已建建筑（细实线绘制）、预拆除建筑（细实线上面打叉绘制）和计

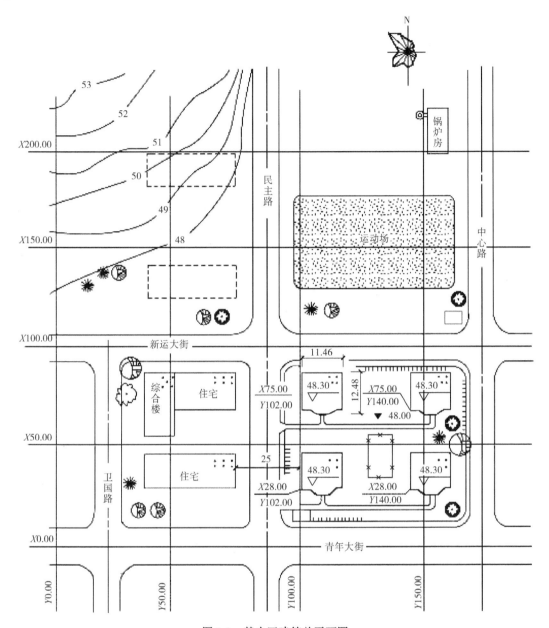

图 1-2　某小区建筑总平面图

划扩建的建筑（细虚线绘制）等标志，这些都是在看完建筑总平面图后应了解的内容。

　　如果从以上四点能把建筑总平面图看明白，基本上就会看建筑总平面图了。

1.2　建筑平面图

　　1. 建筑平面图的形成和内容

　　建筑平面图就是将房屋用一个假想的水平剖切面，沿房屋外墙上的窗口（位于窗台稍高一点）的地方水平切开，并对剖切面以下部分进行水平投影所得的剖切面即为房屋的平面图。它表示房屋的平面形状、大小和房间的布局，墙、柱的位置、尺寸、厚度和材料，门窗的类型和位置等情况。

一般情况下，若房屋建筑的层数为 n，则需要绘制（$n+1$）张平面图，并相应地称为首层平面图、二层平面图、……、屋顶平面图等。但若当房屋的中间若干层的平面布置完全一致时，则可将这些完全相同的平面图用一个标准层平面图来表示，称为标准层平面图或称为××层～××层平面图。注意：阅读平面图时，应由低向高逐层阅读平面图。

建筑平面图的基本内容包括：

1）房屋的平面外形、总长、总宽和建筑面积。

2）墙、柱、墩、内外门窗位置及编号，房间的名称或编号，轴线编号。

3）室内外的有关尺寸及室内楼、地面的标高（首层地面±0.000）。

4）电梯、楼梯位置，楼梯上下方向及主要尺寸。

5）阳台、雨篷、踏步、斜坡、竖井、烟囱、雨水管、散水等位置和尺寸。

6）卫生器具、水池、隔断及重要设备位置。

7）地下室、地坑、地沟、阁楼（板）、检查孔、墙上预留孔等的位置及高度，若是隐蔽的或在剖切面以上，则采用虚线表示。

8）剖面图的剖切符号和编号（通常标注在首层平面图中）。

9）标注有关部位的节点详图的索引符号。

10）在首层平面图中，绘制指北针符号。

11）屋顶平面图的内容，主要包括女儿墙、檐沟、屋面坡度、分水线、落水口、变形缝、天窗且其他构筑物、索引符号等。

以上内容可根据具体建筑物的实际情况的不同而有所不同。

2. 建筑平面图示例

（1）首层平面图

1）图样的名称和比例。如图1-3所示，建筑施工图的图名为"一层平面图"，绘图比例为1:100。

2）朝向。在首层平面图中，需要在图中明显的位置绘制出指北针，并且所指的方向应与建筑总平面图一致。根据图1-3中指北针的指向，表明该建筑物的朝向为坐北朝南。

3）线型。在建筑平面图中，粗实线通常表示被水平剖切到的墙、柱的断面轮廓线；中粗虚线表示被剖切到的门窗的开启示意线；细实线表示尺寸标注线、引出线、未剖切到的可见线等；细单点长画线表示定位轴线和中心线等。

从图1-3中可以看出，该建筑物为框架结构，图中涂黑的部分为框架柱断面，其尺寸通常在结构施工图中给出。图中用两条平行的粗实线表示房屋建筑剖切到的墙体，用细实线表示房屋内的门窗、楼梯、设施以及尺寸标注线、引出线等。

4）定位轴线。定位轴线是各构件在长宽方向的定位依据。凡是承重的墙、柱，都必须标注定位轴线，并按顺序予以编号。在建筑平面图中，水平方向的轴线采用阿拉伯数字从左至右依次编号，竖直方向采用大写的拉丁字母从下至上依次编号。拉丁字母中的I、O、Z不得用于轴线编号，以免与数字1、0、2混淆。对于一些与主要承重构件相联系的次要构件，它的定位轴线一般可作为附加轴线，编号采用分数表示，其中分母表示前一轴线的编号，分子表示附加轴线的编号，用阿拉伯数字编写。图1-3中，房屋建筑水平方向的定位轴线有11条，编号从1~11，南北方向的定位轴线有6条，编号从A~F。所有定位轴线均处于柱的中心位置无偏心产生。

5）材料图例。在建筑平面图中，承重结构的建筑材料应按现行国家标准规定的图例来绘制。现行国家标准规定若平面图比例小于或等于1∶50，则不绘制材料图例，砌体承重材料只用粗实线绘出轮廓即可，但对于钢筋混凝土材料则必须以涂黑进行表示。

6）平面布局和门窗编号。图1-3中房屋建筑是一栋学生宿舍，建筑呈中心对称内廊式建筑（走廊位于房屋的中间），宿舍位于走廊的两边，在建筑的两边分别有一部楼梯作为公共交通使用，入户门位于建筑物的南侧，每个宿舍内均有独立卫生间和盥洗间，此外，宿舍首层在西侧入户门边布置有值班室，值班室有独立卫生间和盥洗间。

现行国家标准《建筑制图标准》GB/T 50104规定的各种常用的门窗图例，见表1-2（包括门窗立面和剖面图例）。图1-3中的窗框和窗扇的位置用四条平行的细实线表示，并对门窗进行编号。通常情况下，门的名称代号为M、窗的名称代号为C，同一编号表示同一类型的门窗，它们的构造和尺寸均一样，如门M-1~M-5；窗C-1~C-3、C-1a；防火门FM-1等。

表1-2 常用门窗图例（部分）

名称	图例	名称	图例
单面开启单扇门（包括平开或单面弹簧）		单面开启双扇门（包括平开或单面弹簧）	
单层外开平开窗		双层内外开平开窗	

7）尺寸标注。在建筑平面图中的尺寸标注分为外部尺寸标注和内部尺寸标注。

外部尺寸标注是在建筑物轮廓线之外，一般在水平方向和竖直方向各标注三道，最外一道尺寸标注房屋水平方向的总长、总宽，称为总尺寸；中间一道尺寸标注相邻两轴线之间的距离称为轴线尺寸，用以说明房屋的开间、进深尺寸。最里面的一道尺寸以轴线定位的标注房屋外墙的墙段及门窗洞口尺寸，称为细部尺寸。此外，台阶（或坡道）、花池及散水等细部尺寸，可单独标注。图1-3中，房屋建筑的总长为36000mm，总宽为17100mm。建筑轴线间的尺寸：水平方向的轴线间的距离为3600mm，A与B、E与F轴线间的距离为2400mm。建筑的细部尺寸：位于3、4轴之间的M-4门洞口的宽度为2400mm，其两侧的门间墙宽度均为600mm（与3轴和4轴之间的距离）。如相同尺寸太多，可省略不注出，而在图形外用文字说明，如本例中的，未注明的墙体厚度均为240mm。

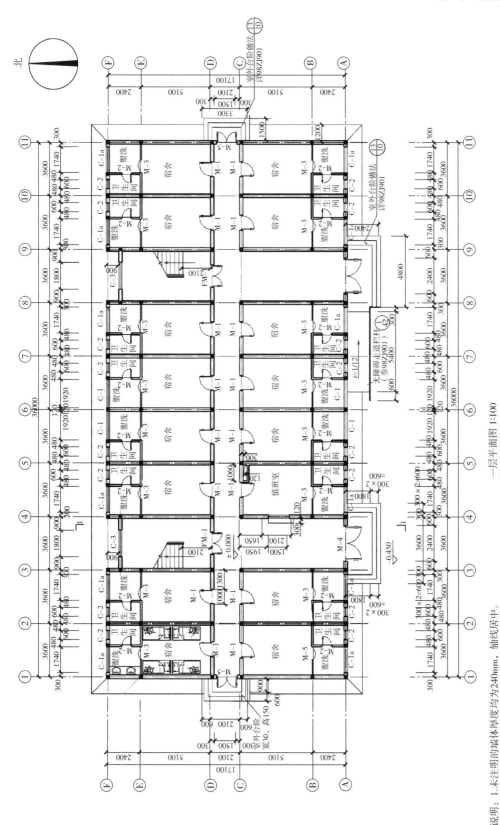

一层平面图 1:100

图1-3 某建筑首层平面层

说明：1.未注明的墙体厚度均为240mm，轴线居中。

2.盥洗、卫生间的标高见建施⑩。

内部尺寸标注在建筑物轮廓线之内，主要标注房屋内部门窗洞口、门垛等细部尺寸，如门 M-1 的洞口宽度为 1000mm，门边到 3 轴线的距离 1300mm。以及标注各房间长、宽方向的净空尺寸、墙厚、柱子截面和房屋其他细部构造的尺寸。在建筑平面图上，除了标注出各构件长度和宽度及定位尺寸之外，还要标注出楼、地面的相对标高。图 1-3 中建筑首层地面的相对标高为 ±0.000m，建筑物南侧的室外相对标高为 −0.450m，即表明室外地面比室内地面低 450mm。

8）剖切符号。剖切符号按现行国家标准《房屋建筑制图统一标准》GB/T 50001 一般绘制在建筑物轮廓线之外，具体表示方法如图 1-4 所示。图 1-3 中给出了 1—1 剖面的剖切位置及剖切符号，该剖面采用了直线型剖切的剖切方式。剖切面在建筑的首层从北至南分别剖切到楼梯、走廊、大厅及室外台阶，投影方向指向剖面编号 1（即朝西的方向）。

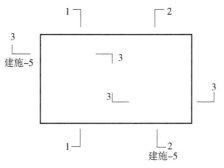

图 1-4　剖切符号表示方法

9）索引符号和标高符号。为了方便施工时查阅图样中的某一局部或构件，如需另见详图时，通常采用索引符号注明画出详图的位置、详图的编号和详图所在的图纸编号。按现行国家标准《房屋建筑制图统一标准》GB/T 50001 规定的标注方法为：

用一引出线指出需要给出详图的位置，在引出线的另一端画一个直径为 10mm 的细实线圆，圆内过圆心画一条水平直线，上半圆中用阿拉伯数字注明该详图的编号，下半圆中用阿拉伯数字注明该详图所在图样的图纸号。若详图与被索引的图样在同一张图样内，则在下半圆中间画一条水平细实线。若所引出的详图采用标准图，应在索引符号水平直径的延长线上加注该标准图集的编号，如图 1-5 所示。

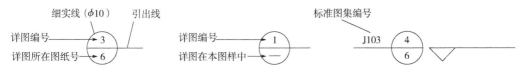

图 1-5　索引符号和标高符号示例

在建筑平面图中，室内外地坪、楼地面、檐口等位置的标高通常采用相对标高，即以房屋首层地面作为相对零点（±0.000）进行标注。当所标注的标高高于 ±0.000 时为正，注写时省略 "+" 号，当所标注的标高低于 ±0.000 时为 "−"，注写要在标高数字前加注 "−" 号。标高符号以细实线绘制，其注写方法如图 1-5 所示。标高数值以 "米" 为单位，通常精度为小数点后三位。

10）其他。在建筑首层平面图中，还应表示楼梯、散水、室外台阶、花池等设施的位置及尺寸，有关图例见表 1-3。图 1-3 中给出了房屋的散水沿外墙布置，宽度为 900mm，房屋室外台阶的宽度分别为 1800mm、900mm，共三级踏步，每级踏步的宽度为 300mm，高度为 150mm。

表 1-3　构造及配件图例（部分）

名称	图例	备注
楼梯	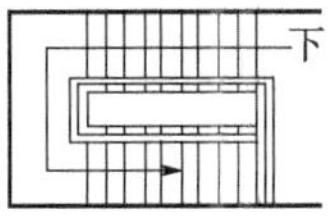 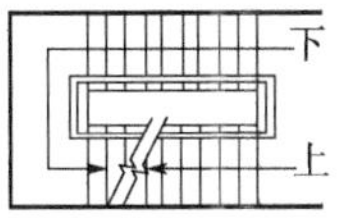 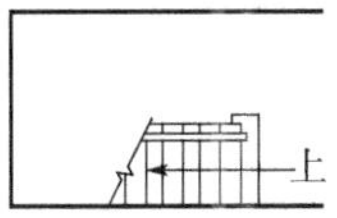	上图为顶层楼梯平面，中图为中间层楼梯平面，下图为底层楼梯平面
坡道	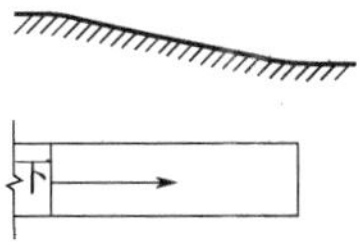	长坡道
台阶	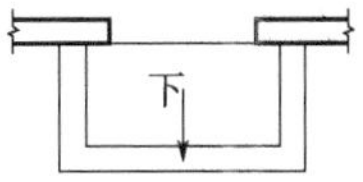	

（2）其他层平面图　其他层平面图是假想用一个水平的剖切平面在其他层所属的窗台上方（稍高一点）将整栋房屋剖开后向下投影所得的正投影图。在这些图中对属于一层的构配件，即使没有被遮挡住，也不需将其重复绘出。图 1-6 所示是某房屋建筑的三～七层平面图，由图中可知，其表达方式与一层平面图基本相同。主要的不同之处是属于房屋一层的构配件，没有绘出。例如，属于首层的室外台阶、散水等，但在房屋的东西南侧分别绘出了阳台的投影。

（3）屋顶平面图　屋顶平面图是假想人站在空中将屋面上的构配件直接向水平投影面投影所得的正投影图。屋顶平面图的比例可与其他层的平面图比例一致，若屋顶平面比较简单，也可采用较小的比例（如 1:200 等）绘制。

在屋顶平面图中，最重要的是需要绘出屋面的排水方式和方向，其他需要给出的有：屋顶的外形，屋脊、屋檐等的位置，以及女儿墙、排水管、烟囱、屋面出入口等的设置。屋顶平面图实例详见图 1-7。从图 1-7 中可以看出该建筑采用有雨水管的双坡有组织排水方式，排水坡度为 2%，在建筑两侧分别设置 4 个雨水管。

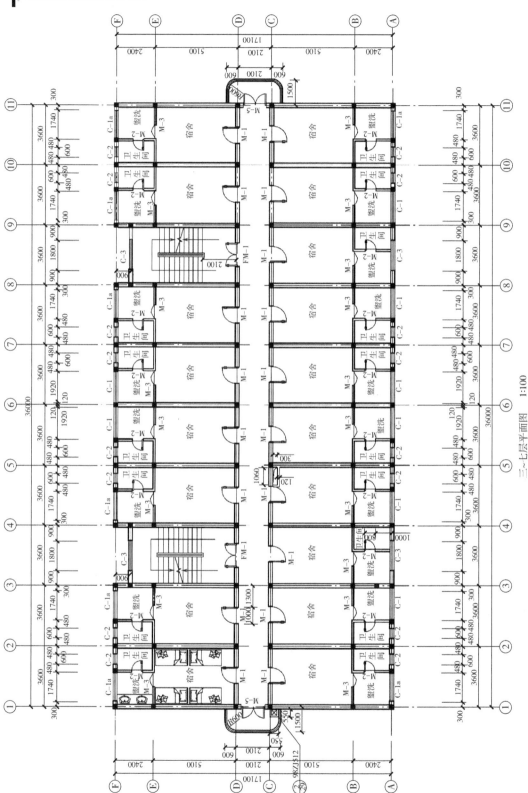

三~七层平面图 1:100

图1-6 某建筑三~七层平面图

说明：1.未注明的墙体厚度均为240mm，轴线居中。
      2.盥洗、卫生间同的标高见建施①。

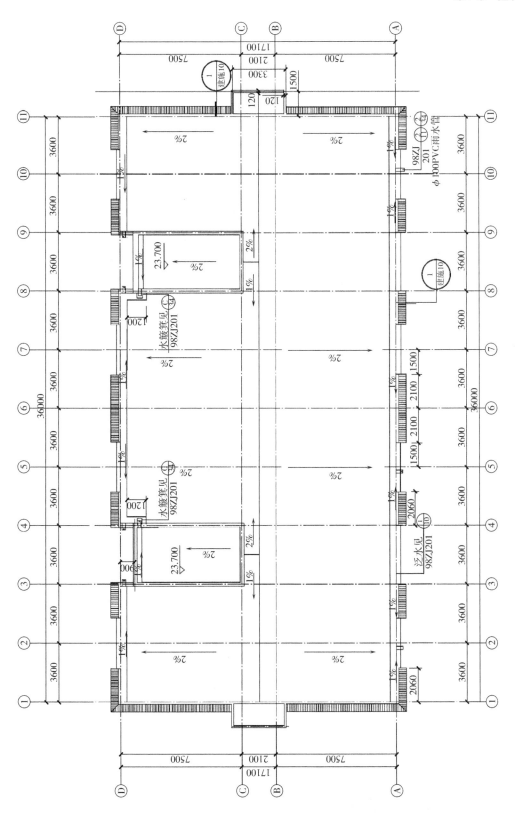

屋顶平面图　1:100

图1-7　某建筑屋顶平面图

说明：刚性防水屋面防水层与女儿墙交接处做法见98ZJ201P23大样①。

1.3 建筑立面图

1. 建筑立面图的形成和内容

建筑立面图是指将建筑物的各个侧面，向与它平行的投影面进行正投影所得的投影图。其中，反映房屋主要出入口或比较显著反映房屋外貌特征那一面的视图称为正立面图，相应地把其他各立面图称为侧立面图和背立面图。立面图命名也可以按照房屋的朝向命名，如南立面图、东立面图、西立面图、北立面图，也可按建筑物轴线编号从左至右来命名，如①~⑪立面图，如图1-8所示。当房屋的立面为圆弧形、折线形、曲线形即有一部分不平行于投影面时，将该部分展开后用正投影方法画出其立面图，相应的图名为××立面展开图。

建筑立面图的内容基本包括：

1）室外地坪线、房屋的檐口、勒脚、台阶、花台、门、窗、门窗套、雨篷、阳台；室外楼梯、墙、柱；外墙的预留孔洞、屋顶（女儿墙或隔热层）、雨水管、墙面分格线或其他装饰构件等。

2）外墙各主要部位的标高。如室外地坪、台阶、窗台、门窗顶、阳台、雨篷、檐口、突出屋面部分最高点等处完成面的标高，一般立面图上可不标注线性尺寸，但对于外墙上的留洞需要给出其大小尺寸和定位尺寸。

3）给出建筑物两端或分段的轴线且编号，且必须与平面图相对应。

4）各部分构造、装饰节点详图的索引符号。

5）用图例、文字或列表说明外墙面的装饰材料及做法（一般采用文字说明）。

2. 建筑立面图识读

现采用图1-8来说明立面图的内容和阅读方法。

1）图纸名称、比例。图名为"①~⑪立面图"，结合一层平面图（图1-3）可知该立面图是房屋朝南的立面，因此也可称为南立面图。建筑立面图的比例应与平面图一致，如本章所示的平面图和立面图的绘图比例均为1:100。

2）线型。建筑立面图中，用特粗实线表示建筑的室外地坪线，用粗实线表示建筑物的主要外形轮廓线，用中粗实线绘制门窗洞口、阳台、雨篷、台阶、檐口等构造的主要轮廓，用细实线描绘各处细部、门窗分隔线和装饰线等。

在图1-8中，可以通过不同的线型来识别不同的建筑构件和了解主要构造的外形特点。

3）定位轴线。在立面图中需要在房屋建筑的两端标注出轴线，其编号应与平面图一致，以便能够清晰地反映立面图与平面图的投影关系。在图1-8中标有与平面图相一致的轴线编号①、⑪，表明①、⑪轴线与平面图中的①、⑪轴线完全对应。

4）立面外貌特征。从图1-8可以看出该建筑的立面外貌形状，可以了解该房屋的屋顶、门窗、雨篷、阳台、台阶、勒脚等细部的形式和位置。如该房屋建筑为地面（±0.000）以上七层建筑，立面呈现左右对称的特征，在左右两边各有一个入户门，形式为双开门。门前设置了室外台阶并且在右侧门左侧有带栏杆的无障碍坡道，门上的雨篷和屋顶女儿墙外侧均用筒板瓦做出斜坡以增加立面的美感。该房屋建筑的窗户共有两种类型，一种有亮子，一种无亮子，开启方向主要为左右推拉和上下推拉。

①~⑪立面图 1:100

图1-8 某建筑①~⑪立面图

5）标高。建筑立面图应该表明外墙各主要部位的标高，也可标注相应的高度尺寸。标注的位置一般包括：室内外地面、楼面、阳台、檐口及门窗等。如有需要，还可标注一些局部尺寸，如补充建筑构造、设施或构配件的定位尺寸和大小尺寸。

为了标注得清晰、整齐，一般将各标高排列在同一铅垂直线上。在图 1-8 中，右侧注写了室外地坪、各层楼面、屋顶等的标高，在图样内部注写了各层 C-2 窗洞的底面和顶面的标高，同时用线性尺寸给出了 C-1、C-1a、C-3 窗和阳台、女儿墙的高度。如该建筑室外地面标高为 -0.450m，表明房屋的室外地面比室内 ±0.000 低 450mm，屋面檐口处为 21.00m，因此房屋外墙的总高度为 21.45m。一层窗台距离室内地面的高度为 900mm，主要窗高 1700mm，阳台高 900mm。

6）立面装修做法。从图 1-8 的文字说明，可以了解到该房屋外墙面装修的做法，如外墙主要以浅蓝灰色面砖饰面，勒脚部分为麻灰色喷砂面砖并配以黑色立邦漆勾缝，雨篷和女儿墙采用宝石蓝灰色筒板瓦贴面，檐口和一层顶部装饰边采用白色成品欧式装饰线条。

7）在图中两侧和中间共有四个雨水管。

1.4　建筑剖面图

1. 建筑剖面图形成和内容

建筑剖面图是假想用一个或多个垂直于外墙轴线的铅垂剖切面将房屋剖开，移去剖切平面与观察者之间的房屋部分，对余下部分房屋进行投影所得到的正投影图，称为剖面图。剖面图用以表示房屋内部的结构或构造形式、分层情况和各部位的联系、材料及其高度等，是与平面图、立面图相互配合的不可缺少的重要图样之一。

剖面图的数量可根据房屋的具体情况和施工实际需要确定。剖切面一般选择横向，即平行于房屋侧面，但必要时也可纵向设置。不论横向还是纵向，剖切位置应该选择在能反映房屋全貌、内部复杂构造和较具有代表性的部位，并应通过门窗洞口的位置。多层房屋的剖切面应选择在楼梯间或层高不同、层数不同的部位。剖面图的图名应与平面图上剖切符号的编号一致，如 1—1 剖面图、2—2 剖面图、A—A 剖面图等。

剖面图中的断面图，其材料图例与粉刷面层线和楼、地面面层线的表示原则和方法与平面图的处理方法相同。此外，剖面图中一般不绘出地面以下的基础部分，基础部分将在结构施工图中的基础图中来表达。

2. 建筑剖面图包含的内容

建筑剖面图一般包含以下内容：

1）墙、柱及其定位轴线。

2）室内首层地面、地坑、地沟、各层楼面、顶棚、屋顶及其附属构件、门、窗、楼梯、阳台、雨篷、留洞、墙裙、踢脚、防潮层、室外地面、散水、排水沟等剖切到或能见到的内容。

3）各部位完成面的标高和高度方向尺寸。

①标高内容。室内外地面、各层楼面与楼梯平台、檐口或女儿墙顶面、高出屋面的水池顶面、楼梯间顶面、电梯间顶面等处的标高。

②高度尺寸内容。外部尺寸：门、窗洞口高度，层间高度和总高度（室外地面至檐口或女儿墙墙顶）。内部尺寸：地坑深度、隔断、搁板、平台、墙裙及室内门、窗等的高度。

③楼、地面各层构造。采用引出线进行说明，引出线指向被说明的部位，并按其构造的层次顺序，逐层加以文字说明。如果另有详图可在详图中说明。

④标出需画详图之处的索引符号。

3. 建筑剖面图实例

以如下的剖面图（图1-9）为例表明建筑剖面图的主要内容。

（1）图样名称、比例 剖面图的图名应与平面图上剖切符号的编号一致，从一层建筑平面图（图1-3）中可以看出1—1剖切位置在左侧大门处，采用直线剖面的方法沿房屋横向进行剖切，投影方向向左。由此，就可以根据剖切位置和投影方向，对照各层平面图和屋顶平面图进行1—1剖面图的识读。

一般情况下为了绘图和施工方便，建筑剖面图与建筑的平面图、立面图采用相同的比例进行绘制，本例中1—1剖面图所用的比例与平面图一致为1:100。

（2）线型规定 现行国家标准《建筑制图标准》GB/T 50104规定在建筑剖面图中，首层地面采用特粗实线表示，被剖切到的墙体等主要建筑构造的轮廓线采用粗实线，一般采用细实线表示未剖切到的可见部分。同时，对于比例大于或等于1:50的剖面图宜给出材料图例，对于比例小于1:50的剖面图一般不绘制材料图例，但对于钢筋混凝土构件需要用涂黑表示。

在图1-9中，可以通过不同的线型识别各种有关建筑的构件，如被剖切到的室内外地面、墙体、楼板、梁、屋面、楼梯等构件均以粗实线表示，其中，楼板、屋面板、梁、室外台阶和楼梯被剖切到的梯段这些用钢筋混凝土制作的构件的断面均以涂黑来示意。未被剖切的，但可见到的构件，如各层房间的门窗、楼梯可见梯段及女儿墙等均以细实线表示。

（3）定位轴线 同平面图一样，在剖面图中，也需要对被剖切到的房屋建筑的主要承重构件绘制定位轴线，定位轴线应与平面图中的定位轴线相对应，以正确反映剖面图与平面图的投影关系，便于与建筑平面图对照进行识图和施工。图1-9中的1—1剖面图，标注有被剖切到的A、C、D轴线和未剖切到的F轴线，其位置与各层剖面图中的轴线位置需对应。

（4）内部构造特征 在剖面图中，应绘制房屋室内地面以上各部位被剖切到的和投影方向上看到的建筑构造与构配件。如室内外地面、楼面、屋面、内外墙或柱、门窗、楼梯、雨篷、阳台等。现行国家标准《建筑制图标准》GB/T 50104规定，在比例1:100~1:200的剖面图中可以不绘制抹灰层，但宜绘制楼地面、屋面的面层线。

通过图1-9中被剖切到的及可看到的建筑构造与构配件可以看出：该房屋为地面（±0.000）以上主体七层、局部八层的建筑，楼板、屋面板、梁、楼梯等（图中涂黑的构件）均为钢筋混凝土构件。

根据平面图（图1-3）中剖切位置线1—1所通过的部位可知，从南至北依次为：从此室外地坪上三级台阶到达标高±0.000的大门口，通过该大门（M-4）进入宿舍公共门厅、走廊，再通过楼梯前室的防火门进入楼梯前室后到达公共楼梯，通过该楼梯可上到二层。对照其他层平面图（图1-6）和一层平面图（图1-3）中剖切线所通过的剖切相应位置可知，从南至北依次为卫生间、宿舍、走廊、楼梯前室和楼梯，被剖切的构件包括卫生间窗C-3、

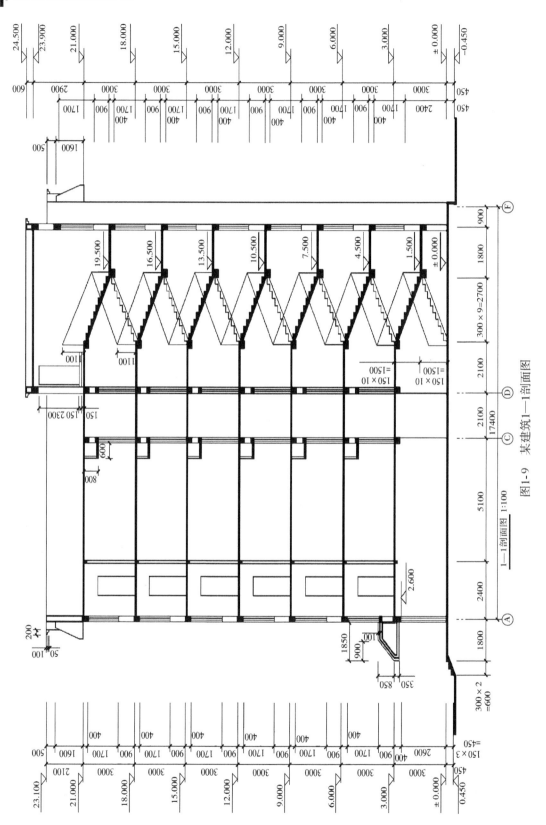

图1-9 某建筑1—1剖面图

宿舍门 M-1、楼梯前室门 PM-1 和楼梯窗 C-3、M-1 门上的吊柜。另外通过剖面图可以看出，在宿舍门 M-1、楼梯前室门 PM-1 上有过梁的存在。盥洗间的门 M-2 未被剖切到，在投影时能够看到，因此绘出了其投影轮廓线。

通过平面图可看到，宿舍内卫生间的窗和楼梯间的窗其编号均为 C-3，表明此位置处的窗的尺寸大小是一样的，但通过剖面图 1-6 可知，这两个位置处的窗在房屋高度方向上是不在一条水平线上的，两者之间相差大约半层左右。通过图 1-9 还可以看出，在楼梯间的最顶层有一平开门，通过此门可以来到屋顶，楼梯间顶部有隔热层存在。

（5）尺寸标注　剖面图在竖直方向上应标注房屋外部、内部一些必要的尺寸和标高。剖面图竖向外部尺寸通常标注 2～3 道尺寸，最外侧一道为建筑物总尺寸（从室外天然地面到屋顶檐口的距离），中间一道为层高尺寸（两层之间楼地面的垂直距离），最里侧一道为门窗洞口及洞间墙的高度尺寸等。

内部尺寸则标注内墙上的门窗洞口尺寸、窗台及栏杆高度、预留洞及地坑的深度等细部尺寸。剖面图水平方向的尺寸通常标注被剖切到的墙或柱的轴线间的跨度。其他尺寸则视需要进行标注，如屋面坡度等。剖面图中标高，注写在室外地坪、各层楼面、地面、阳台、楼梯休息平台、檐口、女儿墙顶等部位，图中标高均为与 ±0.000 的相对尺寸。

剖面图中所注的尺寸、标高应与建筑平面图和立面图中的尺寸、标高相吻合，不能产生矛盾。

从图 1-9 中可看出，一～七层的层高为 3.0m，局部八层的层高为 2.9m，入口大门（M-4）的高度为 2.6m，楼梯栏杆的高度为 1.1m，C-3 窗的高度为 1.7m，窗下墙的高度为 0.9m；楼梯每个梯段的踏步宽度为 300mm，共九个踏面，梯段长 2700mm，每个梯段的踏步高度为 150mm，共十个步级，梯段高 1500mm。室外地面标高为 -0.450m，一层地面标高为 ±0.000m，主体屋面檐口的标高为 23.100m，局部突出楼梯间顶部檐口层的标高为 24.500m。

第2章 建筑给水施工图

建筑给水排水施工图（简称"水施图"）是建筑设备施工图中的一部分，都是要根据已有的相应建筑施工图来绘制。建筑设备通常指安装在建筑物内的给水排水管道、采暖通风空调等管道，以及相应的设施、装置。建筑给水排水施工图一般由给水排水平面图、给水排水系统原理图或给水排水轴测图、给水排水平面放大图及必要的详图、设计说明等组成。本章将以分析案例的方式，介绍建筑给水施工图的识读要领及方法。

2.1 建筑给水施工图识读基础

2.1.1 建筑内部给水系统的分类

建筑内部给水系统的作用是将水由城市给水管网（或自备水源）经济合理地输送到建筑物内部的各（生活、生产和消防）用水设备处，并满足各用水点对水质、水量、水压的要求。

建筑内部给水系统按用途通常分为生活给水系统、生产给水系统和消防给水系统三类：

1. 生活给水系统

根据供水水质又分为生活饮用水系统和生活杂用水系统。生活饮用水系统包括饮用、盥洗、洗涤、沐浴、烹饪等生活用水；生活杂用水系统包括冲洗便器、浇灌花草、冲洗汽车或路面等。

2. 生产给水系统

为工业企业生产方面用水所设的给水系统，例如冷却用水、锅炉用水等。生产用水对水质的要求因生产工艺及产品不同而异。

3. 消防给水系统

按具体功能分为消火栓灭火系统和自动喷水灭火系统等。消防用水对水质要求不高，但必须符合建筑防火规范要求，保证有足够的水量和水压。

在一幢建筑内可以单独设置以上三种给水系统，也可以按水质、水压、水量和安全方面的需要，结合建筑内部给水系统的情况，组成不同的共用给水系统。如生活-消防共用给水系统、生活-生产共用给水系统、生产-消防共用给水系统、生活-生产-消防共用给水系统等。比如，在小型或不重要的建筑内，可采用生活、消防共用给水系统；但在公共建筑、高层建筑、重要建筑内必须将消防给水系统与生活给水系统分开设置。

2.1.2 建筑内部给水系统的组成

现以生活给水系统为例说明建筑给水系统的主要组成，主要包括引入管、计量仪表、给水管道、给水附件、给水设备、配水设施等组成，如图2-1所示。

（1）引入管 由室外管网(小区本身管网或城市市政管网)与建筑内部管网相连接的管段叫引入管。若该建筑物的水量为独立计量时，在引入管段应装设水表、阀门；有时根据要求还应设管道倒流防止器。

（2）计量仪表 计量仪表是计量、显示给水系统中的水量、流量、压力、温度、水位的仪表。如水表、流量计、压力计、真空计、温度计、水位计等。

引入管上应装设水表，在其前后装设阀门、旁通管和泄水装置等附件，并设置在水表井内，用来计量建筑物的总用水量。水表及其前后装设的附件又可称为水表节点。

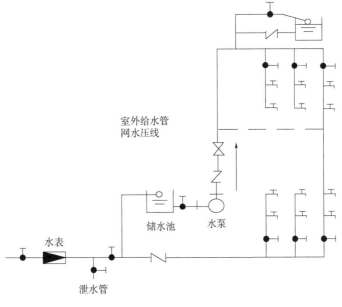

室外给水管网水压线

储水池 水泵

水表

泄水管

图2-1 建筑给水系统组成示意图

在建筑内部给水系统中，除了在引入管段上安装水表外，在需计量的某些部位和设备的配水管上也应安装水表。为利于节约用水，住宅建筑每户的进户管上均应安装分户水表。分户水表或分户水表的数字显示宜设在户门外的管道井中或集中于水箱间，便于查表。

（3）给水管道 给水管道是将水输送到建筑内部各个用水点的管道，由水平干管、立管、支管、分支管组成。

1）水平干管也称总干管，是将水从引入管输送至建筑物各区域的管段。

2）立管也称竖管，是将水从干管沿垂直方向输送至各个楼层、不同标高处的管段。

3）支管也称配水管，是将水从立管输送至各个房间的管段。

4）分支管也称配水支管，是将水从支管输送至各配水设施的管段。

（4）给水附件 给水附件指给水管路上的阀门（包括闸阀、蝶阀、球阀、减压阀、止回阀、浮球阀、液压阀、液压控制阀、泄压阀、排气阀、泄水阀等）、水锤消除器、多功能循环泵控制阀、过滤器、减压孔板等管路附件，用以控制调节系统内水的流向、流量、压力，保证系统安全运行的附件，按作用又分为调节附件、控制附件、安全附件。

消防给水系统的附件主要有循环泵接合器、报警阀组、水流指示器、信号阀门和末端试水装置等。

（5）给水设备 给水设备是指水系统中用于增压、稳压、储水和调节的设备，如图2-2所示。

当室外给水管网水压不足，或室外给水管网水量不足，或建筑给水对水压恒定、水质、用水安全有一定要求时，需设置增压或储水设备。

增压和储水设备有水箱、循环泵、储水池、吸水井、吸水罐、气压给水设备等。

（6）配水设施 配水设施是生活、生产和消防给水管道系统的终端用水点上放出水的

a)　　　　　　　　　　　　　　　　b)

图 2-2　升压和储水设备
a) 循环泵　b) 水箱

设施，即用水设施或配水点。

生活给水系统的配水设施主要指卫生器具的给水配件或配水龙头；生产给水系统的配水设施主要指与生产工艺有关的用水设备；消防给水系统的配水设施主要指室内消火栓、消防软管卷盘、自动喷水灭火系统的各种喷头等。

2.1.3　给水管道的布置与敷设

想要准确识读建筑给水平面图，必须熟悉给水管道布置原则和施工工艺。因为施工图上的线条都是示意的，管道配件如活接头、管箍等通常不会画出来。

1. 给水管道的布置

（1）布置形式及其特点　给水管道的布置按供水可靠程度要求可分为枝状和环状两种形式。一般建筑内给水管网宜采用枝状布置。按水平干管的敷设位置又可分为以下三种形式：

1）下行上给：干管埋地、设在底层或地下室中，由下向上供水，适用于直接利用室外给水管网水压供水的工业与民用建筑。

2）上行下给：干管设在顶层天花板下、吊顶内或技术夹层中，由上向下供水，适用于设置高位水箱的民用或公共建筑，以及地下管线较多的工业厂房。

3）中分式：水平干管设在中间技术层内或中间某层吊顶内，由中间向上、下两个方向供水，适用于屋顶用作露天茶座、舞蹈室或设有中间技术层的高层建筑。

同一幢建筑的给水管网也可同时兼有以上多种形式。

（2）给水管道的布置要求

1）保证供水安全，力求经济合理。管道布置时应力求长度最短，尽可能呈直线走向，并与墙、梁、柱平行敷设。给水干管应尽量靠近用水量最大设备处或不允许间断供水的用水处，以保证供水可靠，并减少管道转输流量，使大口径管道长度最短。给水引入管应从建筑物用水量最大处引入。

当建筑物内卫生用具布置比较均匀时，应在建筑物中央部分引入，以缩短管网向最不利点的输水长度，减少管网的水头损失。

当建筑物不允许间断供水或室内消火栓总数在 10 个以上时，引入管要设置两条或两条以上，并应由城市管网的不同侧引入，在室内将管道连成环状或贯通状双向供水。如不可能时，可由同侧引入，但两根引入管间距不得小于 15m，并应在接点间设置阀门。若条件不可能满足，可采取设储水池（箱）或增设第二水源等安全供水措施。

2）保证管道安全，便于安装维修。当管道埋地时，应当避免被重物压坏或被设备振坏；不允许管道穿过设备基础，特殊情况下，应同有关专业人员协商处理；工厂车间内的给水管道架空布置时，不允许把管道布置在遇水能引起爆炸、燃烧或损坏的原料、产品和设备上面；为防止管道腐蚀，管道不允许布置在烟道、风道和排水沟内，不允许穿大、小便槽。当立管位于小便槽端部小于等于 0.5m 时，在小便槽端部应有建筑隔断措施。

室内给水管道也不宜穿过伸缩缝、沉降缝，若需穿过，应采取保护措施。常用的措施有：

1）软性接头法：用橡胶软管或金属波纹管连接沉降缝、伸缩缝两边的管道。

2）丝扣弯头法：在建筑沉降过程中，两边的沉降差由丝扣弯头的旋转来补偿，适用于小管径的管道。

3）活动支架法：在沉降缝两侧设支架，使管道只能发生垂直位移，以适应沉降、伸缩的应力。

布置管道时，其周围要留有一定的空间，以满足安装、维修的要求，给水管道与其他管道和建筑结构之间的最小净距见表 2-1。需进入检修的管道井，其通道直径不宜小于 0.6m。

表 2-1 给水管与其他管道和建筑结构之间的最小净距 （单位：mm）

给水管道		室内墙面	地沟壁和其他管道	梁、柱、设备	排水管		备注
					水平净距	垂直净距	
引入管					1000	150	在排水管上方
横干管		100	100	50（无焊缝）	500	150	在排水管上方
立管管径	<32	25					
	32～50	35					
	75～100	50					
	125～150	60					

（3）不影响生产安全和建筑物的使用 为避免管道渗漏，造成配电间电气设备故障或短路，管道不能从配电间通过；不能布置在妨碍生产操作和交通运输处；不允许穿过橱窗、壁柜、吊柜处。

2. 给水管道的敷设

（1）敷设形式 给水管道的敷设有明装、暗装两种形式。

1）明装。即管道外露，其优点是安装维修方便，造价低。但外露的管道影响美观，表面易结露、积灰尘，而且明装有碍房屋内部的美观。一般装修标准不高的民用建筑和大部分生产车间均采用明装方式。

2）暗装。管道敷设在地下室天花板下或吊顶中，或在管井、管槽、管沟中隐蔽敷设。暗装的卫生条件好、美观，对于标准较高的高层建筑、宾馆、实验室等均采用暗装。在工业企业中，针对某些生产工艺要求，如精密仪器或电子元件车间要求室内洁净无尘时，也采用暗装。暗装的缺点是造价高，施工维修均不方便。适用于对卫生、美观要求较高的建筑如宾馆、高级公寓和要求无尘、洁净的车间、实验室、无菌室等。

（2）敷设要求　工程的预留预埋主要套管的位置和数量应保证做到万无一失。

当给水横管穿承重墙或基础、立管穿楼板时，给水排水专业人员应随工程进度密切配合土建专业做好工程的预留预埋工作，主要就是为管道井、穿楼板的预留孔洞以及穿混凝土隔墙的套管预留预埋。图2-3和图2-4是两种比较典型的预埋套管的安装方式。

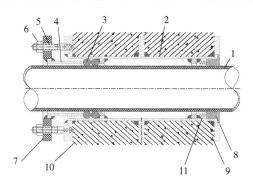

图2-3　穿地下室建筑外墙——柔性防水套管（B型）
安装样图

1—钢管　2—法兰套管　3—密封圈　4—法兰压盖　5—螺柱
6—螺母　7—法兰　8—密封膏嵌缝　9—建筑外墙
10—内侧　11—柔性填缝材料

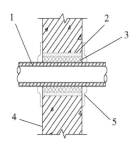

图2-4　穿建筑内隔墙套管安装样图

1—钢管　2—法兰套管

3—密封圈　4—法兰压盖　5—螺柱

横管穿过预留洞时，管顶上部净空不得小于建筑物的沉降量，以保护管道不致因建筑沉降而损坏，一般不小于0.1m。

对于引入管的敷设，其室外部分埋深由土壤的冰冻深度及地面荷载情况决定。管顶最小覆土深度不得小于土壤冰冻线以下0.15m，行车道下的管线覆土深度不宜小于0.7m。建筑内给水引入管与排水排出管的水平净距不得小于0.5m。

入户管上的水表节点一般装设在建筑物的外墙内或室外专用的水表井内。装置水表的地方气温应在2℃以上，并应便于检修，不受污染，不被损坏，查表方便。

给水水平管道应有2‰～5‰的坡度，坡向泄水装置，目的是为了在试压冲洗及维修时能及时排空管道的积水，尤其在北方寒冷地区，在冬季未正式采暖时，管道内如有残存积水易冻结。

给水管采用软质的交联聚乙烯管或聚丁烯管埋地敷设时，宜采用分水器配水，并将给水管道敷设在套管内。

管道在空间敷设时，必须采用管道支、吊架来固定管道，以保证施工方便和供水安全。如图2-5～图2-7所示为水平管道的支、吊架，图2-8、图2-9为垂直管道的支架。

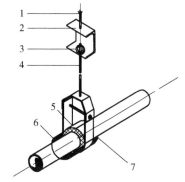

图2-5　水平管道圆钢吊架做法

1—膨胀螺栓　2—槽钢　3—螺母
4—吊杆　5—金属环　6—金属板（至少300mm长）
7—配管

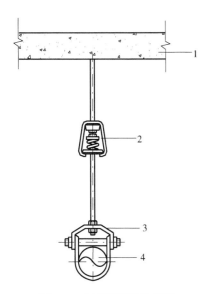

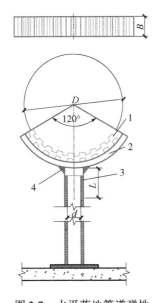

图 2-6　水平管道弹性型钢
减振吊架安装节点图

1—楼板　2—弹簧
3—吊架　4—管道

图 2-7　水平落地管道弹性
型钢减振支架安装节点图

1—橡胶　2—钢托座　3—支撑　4—焊接
注：最底层和最高层的管道、系统
竖向各分区的最低层和最高层的管
道都需设置固定支架。

图 2-8　钢管立管垂直
固定支架示意图

注：最底层和最高层的
管道、系统竖向各分区
的最底层和最高层的管
道都需设置固定支架。

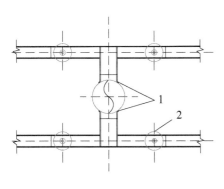

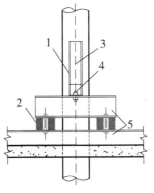

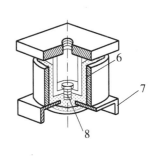

图 2-9　垂直管道型钢减振支架节点图

1—焊接　2—减振座　3—槽钢　4—镀锌螺栓　5—槽钢　6—橡胶　7—槽钢　8—螺母
注：每三层设置一个型钢减振支架

2.2　建筑给水平面图

　　建筑给水平面图是根据给水工程图制图规定绘制的用于反映给水设备、管线平面布置状况的图样，是建筑给水施工图中最基本和最重要的图样，是绘制和识读其他建筑给水工程施工图的基础。建筑给水平面图根据工程情况一般有地下室给水平面图、一层给水平面图、标准层给水平面图、屋面给水平面图。

2.2.1 建筑给水平面图的主要内容

建筑给水平面图常用的比例是1:100和1:50两种。图样所示的主要内容有:

1）管道走向与平面布置。管材的名称、规格、型号、尺寸;管道支架的平面位置;立管位置及编号;管道的敷设方式、连接方式、坡度及坡向;卫生器具、给水排水设备的平面位置,引用大样图的索引号;卫生器具、立管等前后、左右关系,相距尺寸;管道剖面图的剖切符号、投影方向。

2）底层平面应有引入管、排出管、循环泵接合器等,以及建筑物的定位尺寸、穿建筑外墙管道的标高、防水套管形式等,还应有指北针。

3）当屋顶有水箱时,屋顶给水平面图应反映出水箱容量、平面位置、进出水箱的各种管道的平面位置、管道支架、保温等。

4）对于给水设备及管道较多处（如循环泵房、水池、水箱间、热交换器站、饮水间、卫生间、水处理间、报警阀门等）,平面图不能完全交代清楚时,应配有局部放大平面图。

5）在建筑给水工程平面图中应明确建筑物内的生活饮用水池、水箱的独立结构形式;明确有噪声控制要求的循环泵房与给水设备的隔振减噪措施;明确管道防水、防潮措施;明确水箱溢流管防污网罩、通气管、水位显示装置等。

2.2.2 建筑给水平面图的识读要点

1. 识读的步骤

1）识读建筑给水平面图时,首先要从图纸目录入手,了解设计说明,在此基础上将平面图和系统图相互对照联系识读。

2）浏览平面图的顺序是先看底层平面图,再看楼层平面图。

3）按照给水系统的编号顺序,先看引入管、排出管,然后再看其他。顺序依次是“引入管→水表井→干管→支管→配水设施”,循序渐进,认真细读。

2. 识图的注意事项

1）在施工图中,某些管道器材、设备等具体的安装位置、定位尺寸、构造等,通常不会加以说明,而是遵循专业设计规范、施工操作规程等标准进行施工。如果要了解其详细做法,在识图时必须参照有关技术资料或安装详图。

2）给水系统的引入管只画在底层给水平面图中,其他楼层给水平面图中一概不需绘制。

要弄清给水引入管的平面位置、走向、定位尺寸,以及与室外给水管网的连接形式、管径等。

给水引入管通常都标有系统编号,如 ⊕,中间横线上面标注的是管道种类,如给水系统写“给”或写汉语拼音字母“J”,线下面标注编号,用阿拉伯数字1、2等书写。

2.2.3 建筑给水平面图识读举例

以某多层住宅为例,给水图样包括设计总说明、地下室给水平面图、一层给水平面图、标准层给水平面图。

1. 设计总说明

设计总说明（图纸目录、文字说明部分和图例）是图样的重要组成部分，其阐述的内容包括建设单位、项目名称、设计单位的设计号、页数、图纸序号、图别、图号、图纸名称、图纸规格等。识读图样之前，应仔细阅读设计总说明（图 2-10）。

给水设计说明（一）

一、设计依据

1. **企业相关规范及标准、项目组提供的本工程设计任务书、市政外网资料和书面其他相关资料。

2. 建筑及相关专业提供的有关资料及要求。

3. 给水排水及消防有关的国家现行设计规范、规程。

主要规范如下：

(1)《建筑给水排水设计规范》（2009 年版）GB 50015—2003。

(2)《城市工程管线综合规划规范》（1998 年版）GB 50289—2016。

二、系统设计

1. 生活给水系统

(1) 水源：本工程的供水水源为城市自来水，拟从××路和××街引入市政给水管线，甲方提供××市水压很低不满足正常生活用水，除地下室生活水箱、消防水池用水由市政管网直供外，其他生活用水均为水箱—变频泵组联合加压供水，B1、B2、B3 三个地块的加压泵站设在 B2 地块的地下室（加压泵站由甲方委托当地自来水公司设计和未来管理）并提醒如果是减压阀分区，设计时要考虑减压阀失效时的压力。

图例

代号	名称	代号	名称	代号	名称
	淋浴器水龙头		水表井		地下式消防水泵接合器
	洗衣机给水水嘴		清扫口		洗手盆排水
	截止阀		带洗衣机插口地漏		雨水斗
	洗手盆给水		普通地漏	JL1—	加压给水一区
	压力表		检查口	JL2—	加压给水二区
	浴盆排水		坐便器给水	JL3—	加压给水三区
	坐便器排水		隔油器	JL4—	加压给水四区

图纸目录

序号	版本	图别	图号	图纸名称	图幅	新图/修改图/补充图
1	1	水施	01	图纸目录	A4	新图
2	1	水施	02	设计说明	A1	新图
3	1	水施	03	地下室给水排水平面图	A1	新图
4	1	水施	04	一层给水排水平面图	A1	新图
5	1	水施	05	三—八层给水排水平面图	A1	新图

图 2-10　某住宅设计总说明

1）图纸目录可以让读者快速定位图纸。

2）文字部分主要介绍了工程概况、设计范围、设计指导依据、施工注意事项等。

3）图例是在建筑图中用符号或线型代表内容的一种说明。在给水排水系统中一些构筑物、附件等需按比例绘制在图样上，但其细部结构往往不能如实画出，因此在给水排水施工图中的管件、阀门、仪表、设备等常采用现行国家标准《给水排水制图标准》GB/T 50106中规定的图例标识（图2-11），如 J—给水系统，R—热水系统，P—排水系统；当建筑物的给水管数量多于1个时，用数字进行编号，便于识图；"JL"为给水立管，当给水立管数量多于1个时，用"JL—阿拉伯数字"进行编号，"JL—1"和"JL—2"分别代表第1根给水立管和第2根给水立管。

2. 地下室平面图

给水地下室平面图描述了从市政给水外网入户到各楼栋主管道之间的给水管道走向。通过地下室平面图能够了解整个建筑的给水分区情况以及与其余管道的交叉情况，为以后地下室管道的综合排布打下基础。

地下室给水平面图（图2-11）主要内容包括：

1）给水管道的编号，每一个编号的管道代表不同的管线。

2）给水管道的管径，平面图上会标注给水管道的公称直径。

3）给水管道的附件，如阀门、水表、拖布池等。

4）进户管道的标高与位置，标高应与系统图一致。

识读地下室给水平面图（一）（图2-11），可以读出以下信息：

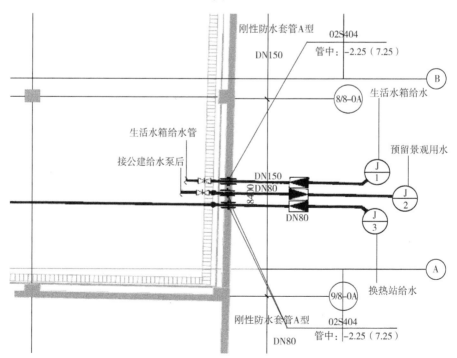

图2-11　某住宅地下室给水平面图（一）

1）本小区进户管有2根，分别为J/1和J/3。J/1是生活水箱给水管，用于给生活水箱补水；J/3 是换热站给水管，用于给换热站水箱补水。

2) 本小区出户管有 1 根，是 J/2。它的作用是通过公建给水循环泵将水输出到绿化处，用于预留景观用水。

3) 给水管 J/1 管径为 DN150，给水管 J/2 及 J/3 管径均为 DN80。在三根给水管道上分别安装有一块水表，其中 J/1 及 J/3 水表方向为从右向左，J/2 水表方向为从左向右。J/1 与 J/2 进入建筑物后，各预留一个闸阀。

4) 三根给水管的管中心标高均为 − 2.25m（绝对标高 7.25m）。

从地下室给水平面图（二）（图 2-12）中可以读出以下信息：

1) 进户管进入生活循环泵房后，通过二次加压给循环泵组加压，将水输送到给水系统的 5 个分区，即加压 1 区、加压 2 区、加压 3 区、加压 4 区和商铺加压区，对应的给水管线名称分别为 J1、J2、J3、J4、JG。

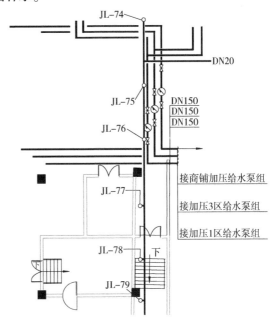

图 2-12　某住宅地下室平面图（二）

2) J1 ~ J4 的管径均为 DN150，JG 的管径为 DN100。

3) 每根管道上面都有一块水表，水表前后各加一个闸阀，便于水表检修。

3. 一层给水平面图

一层住宅给水平面图与标准层基本相同，唯一区别为一层给水平面图内有商铺给水，如下图 2-13 所示：

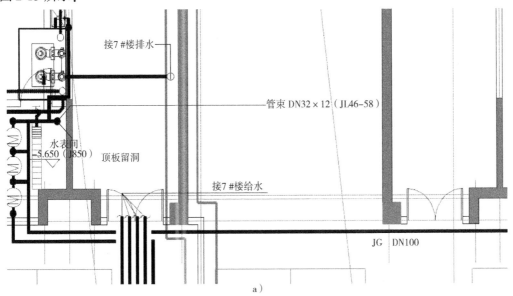

图 2-13　某住宅一层给水平面图

a）地下室平面图

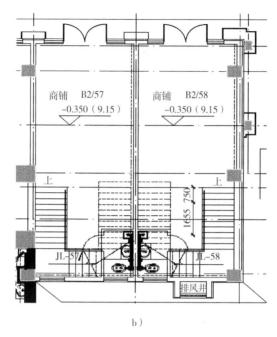

b）

图2-13　某住宅一层给水平面图（续）

b）商铺一层给水平面图

通过上图（图2-13）可以识别出以下信息：

商铺给水主干管JG从地下室进入到水表间，通过水表间水表及阀门控制后，转换成12根立管，分别为JL46～JL58，管径均为DN32，如图2-13a所示。

商铺B2/57及商铺B2/58分别由给水立管JL-57及JL-58供水；每根立管分出水平支管，配水至商铺内的三个用水点：1个拖布池、1个坐便器、1个洗手盆，如图2-13b所示。

4. 标准层给水平面图

标准层给水平面图是代表这栋楼所有相同楼层给水管道走向的图样。从图样中能够体现出管道的走向、立管的标注、水表井的位置、室内给水附件的个数及用途等（图2-14）。

通过标准层给水平面图（图2-14）中可以识别：

1）给水主干管J-1在地下室沿线路敷设到楼下，在主楼地下室分成2个分区8根给水立管，分别为JL1-1～JL4-1及JL1-2～JL4-2。

2）楼层建筑内的给水水源来自于水管井中的4根立管（JL1-1、JL2-1、JL3-1、JL4-1），立管从一层一直上到顶层。

3）在水表井内，立管分出管径为DN20的水平支管，水平管输水进入到分户内，水平管上装有一块水表。

4）每户的给水用水点包括坐便器、水龙头、洗菜盆、淋浴等。

5. 水井大样图

水井大样图描述的是水井内给水排水管道的准确位置、立管的分区范围，以及立管的管径及相关参数，是施工过程中水井优化必不可少的一张图纸。

通过水井大样图（图2-15）可以识别以下信息：

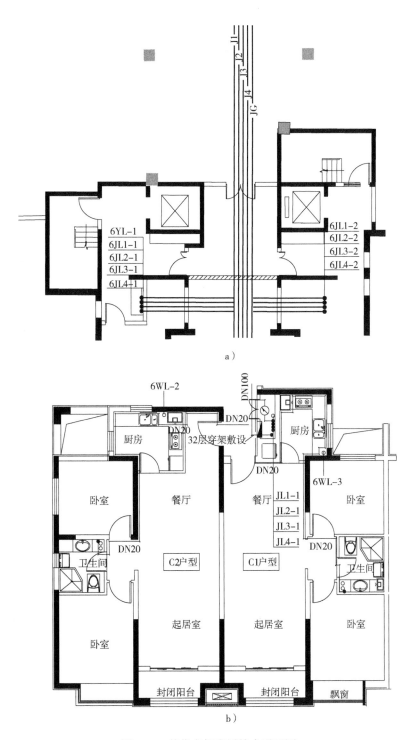

图 2-14　某住宅标准层给水平面图

a）地下室平面图　b）标准层平面图

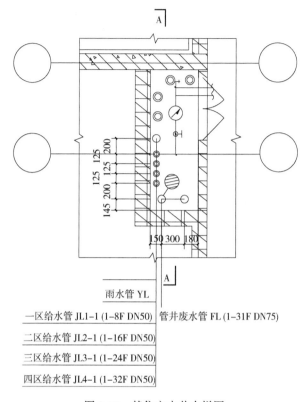

雨水管 YL

一区给水管 JL1-1 (1~8F DN50) 管井废水管 FL (1~31F DN75)

二区给水管 JL2-1 (1~16F DN50)

三区给水管 JL3-1 (1~24F DN50)

四区给水管 JL4-1 (1~32F DN50)

图 2-15　某住宅水井大样图

1）水井内有 4 根给水立管，各自带一个给水加压区。其中 JL1 带加压一区（1F～8F），JL2 带加压二区（9F～16F），JL3 带加压三区（17F～24F），JL4 带加压四区（25F～32F）。

2）4 根给水管管径均为 DN50。

3）4 根给水管间距均为 125mm，JL1-1 与雨水管 YL 之间的距离是 200mm，JL4-1 与管井废水管 FL 之间的距离是 200mm，FL 与管道井墙边距离为 145mm，这样就能准确地定位各个管线的位置。

2.3　建筑给水系统图

建筑给水平面图作为二维图层，它能展现的仅仅是管道的具体走向及准确位置，并不能给人以三维空间的感官认知，因此需要绘制建筑给水系统图来展现管道空间上的相对位置及变化。若不能清楚图示时，还可辅以剖面图。具体言之，建筑给水系统图可以表示出卫生间等管道集中处的上下层之间、前后左右之间的空间位置关系，另外还能表示各管段的管径、坡度、标高以及管道附件位置等。

2.3.1　建筑给水系统图概述

1. 主要表示内容

1）给水管道管径、标高、坡度，包括室内外平面高差。

2）重要管件的标注，如阀门、水表、水龙头的安装高度等。

3）立管的编号、楼层标高、层数、给水系统的编号。

4）给水原理描述，能够反映系统的给水方式。

2. 图示规定

1）建筑给水系统图应按45°正等轴测投影法绘制。系统图的轴测轴 Z 轴总是竖直的，X 轴与其相应平面图的水平横轴线方向一致，Y 轴与图纸水平线方向的夹角宜取45°，表示相应平面图中的竖向轴线。三个轴向变形系数均为1。

2）建筑给水系统图编号一般以平面图左端为起点，顺时针方向自左向右按照给水立管位置进行编号；注意立管位置及编号须与对应的平面图保持一致。

3）建筑给水系统图的布图方向和比例应该与相应的平面图一致。当局部管道按比例不易表示清楚时，例如在管道或管道附件被遮挡，或者转弯管道变成直线等情况，则这些局部管道可不按比例绘制。

4）楼层地面线依据楼地面标高值，按照图样比例，用一根长度适宜的细实短线（0.25b）表示其位置。

5）给水管道上的阀门、附件等用图例表示；引入管道上的设备和器具等可用编号或文字来表示。

6）给水管道均应标注管径、标高（亦可标注管道距离楼地面的高度）、坡度等，注意一定要与对应的平面图保持一致。

2.3.2　建筑给水系统图识读

建筑给水平面图和系统图相互关联、相互补充。读图的一般顺序是先浏览平面图，先看底层平面图，再看其他楼层平面图；然后再对照平面图，阅读系统图。

识读建筑给水系统图时，注意熟练掌握相关图例符号代表的内容，先找平面图和系统图对应编号，然后读图。先找系统图中与平面图相同编号的给水引入管，将给水系统分组，而后再找相同编号的立管，顺水流方向按系统分组阅读系统图。

阅读建筑给水系统图（图2-16）时，以管道为主线，循水流方向，按照从起点到终点，即由"给水引入管→循环泵房→水平干管→立管→支管→室内配水点"的顺序进行识读，逐步弄清楚给水管道的管径、走向、标高、给水系统形式等。如果系统设有高位水箱，还应找出水箱的进水管，再按"水箱的出水管→水平干管→立管→支管→室内配水点"的顺序来阅读。

为了更好地理解给水图样，建筑给水系统图与第一节中的建筑给水平面图为同一工程，上下呼应。

根据建筑给水系统图2-16的 a 和 b 图样，配合其对应平面图可知：

1）住宅分为4个给水压力区，分别通过立管 JL1-1、JL2-1、JL3-1、JL4-1 输送给水；立管均接到地下室水平管；供水流量 Q 均为 1.67L/s；给水立管的管径为 DN50。

2）每一层有两户用水单位，分别用 A、B 表示。从立管上分出水平支管，支管上装有水表及阀门，A 户支管的安装高度为 +1.000m，B 户支管的安装高度为 +0.700m。

3）在一层水井内预留了一个冲洗水点，含有一块水表、一个阀门及一个水龙头，直径为 DN15。

4）水平支管的管径为 DN20。

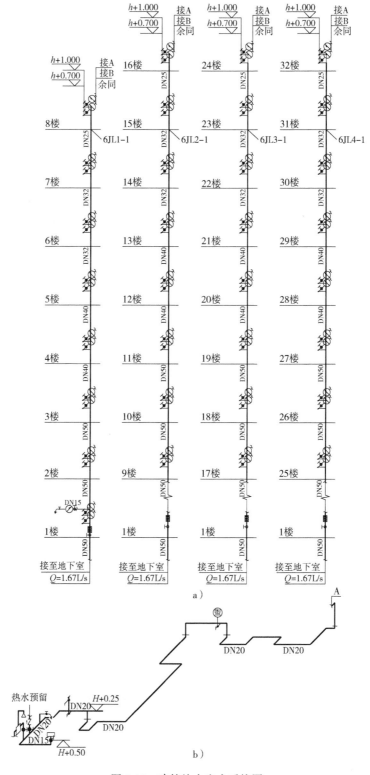

图 2-16　建筑给水户内系统图

a）给水立管系统图　　b）给水横管系统图

5）每户内给水点包括洗手盆一个、坐便器一个、淋浴一套、厨房洗菜盆一个、预留热水点一个、洗衣机给水点一个。

2.4 水箱及气压给水设备图

2.4.1 水箱

在建筑给水系统中，水箱（或水池）可以用来储存、调节水量，同时也可以用来稳定系统的供水压力。水箱根据用途不同，可分为高位水箱、减压水箱、断流水箱、冲洗水箱等；常见形状有矩形和圆形，特殊情况下也可设计成任意形状。

制作水箱的材料一般采用钢板、钢筋混凝土、玻璃钢等。钢板水箱施工安装方便，但易锈蚀，内外表面都应做防腐处理，钢板水箱的造型可参考国家标准图集；钢筋混凝土水箱适合大型水箱，经久耐用、维护简单、造价较低，但自重大，与管道连接不好时易漏水；玻璃钢水箱质量轻、强度高、耐腐蚀、造型美观，安装维修方便，大容积水箱可现场组装，因而得到普遍采用。

水箱应设置进水管、出水管、溢流管、泄水管、水位信号装置，以及液位计、通气管、人孔、内外爬梯等附件，如图2-17所示。

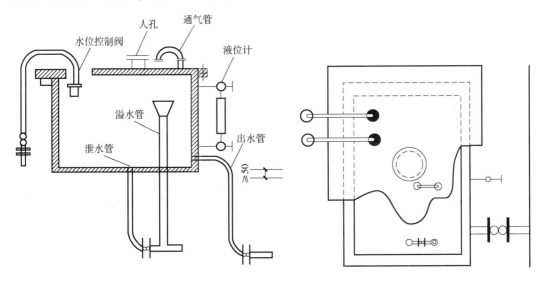

图2-17 水箱附件平剖面图

1. 进水管

水箱进水管可从侧壁接入，也可以从底部或顶部接入。为防止溢流，当水箱利用管网压力进水时，进水管出口处应设浮球阀或液压水位控制阀。液压阀体积小，且不易损坏，应优先采用；设置浮球阀，一般不少于2个；浮球阀直径与进水管直径相同；每个浮球阀前应装有检修阀门。当水箱由循环泵供水并采用自动控制循环泵启闭的装置时，可不设水位控制阀。

2. 出水管

水箱出水管可从侧壁或底部接出；从侧壁接出的出水管内底或从底部接出时的出水管口顶面，应高出水箱底 50mm，以免将箱底沉淀物带入配水管网；出水管口应设置闸阀，以利检修。

3. 溢流管

水箱溢流管可从侧壁或底部接出，管口应在水箱设计最高水位以上 50mm 处，其管径应按水箱最大入流量确定，并宜比进水管大 1~2 号；溢流管不得安装阀门；溢流管不得与排水系统直接连接，必须采用间接排水方式；溢流管上应有防止尘土、昆虫、蚊蝇等进入的措施，如设置水封、滤网等。

4. 泄水管

水箱泄水管应自底部最低处接出，用以检修或清洗时泄水。泄水管应装有闸阀（不应装截止阀），可与溢流管相接后用同一根管排水，但不得与排水系统直接连接；泄水管管径在无特殊要求下，一般采用 DN50。

5. 通气管

生活饮用水水箱应设有密封箱盖，箱盖上应设有检修人孔和通气管。通气管可伸至室内或室外，但不得伸到有有害气体的地方；管口应有防止灰尘、昆虫和蚊蝇进入的滤网；管口一般应朝下设置；通气管上不得装设阀门、水封等妨碍通气的装置；通气管不得与排水系统和通风道连接；通气管一般采用 DN50 的管径。

6. 液位计

一般应在水箱侧壁上安装玻璃液位计，用于指示水箱内水位。当 1 个液位计长度不够时，可上下安装 2 个或多个液位计；相邻 2 个液位计的重叠部分，不宜小于 70mm。

7. 水位信号装置

水位信号装置是反映水位控制阀失灵报警的装置。若水箱未装液位信号计时，可设信号管给出溢水信号，信号管一般自水箱侧壁接出，其设置高度应使其管内底与溢流管底或喇叭口溢流水面平齐；管径一般采用 DN15；信号管可直通值班室的洗脸盆、洗涤盆等处。

若水箱液位与循环泵联动，则在水箱侧壁或顶盖上安装液位继电器或信号器，采用自动水位报警装置。常用的液位继电器或信号器有浮球式、杆式、电容式与浮平式等。

循环泵压力进水的水箱的高低电控水位均应考虑保持一定的安全容积，停泵瞬时的最高电控水位应低于溢流水位 100mm，而开泵瞬时的最低电控水位应高于设计最低水位 20mm，以免由于误差而造成溢流或放空。

8. 附件

水箱盖、内外爬梯及其他有关附件，可参考《给水排水标准图集》02S151 制作及安装。

水箱常安装在净高不低于 2.2m、采光通风良好的水箱间内，其安装间距见下表 2-2。

表2-2　水箱之间及水箱与建筑结构之间的最小距离　　　　　（单位：m）

水箱形式	水箱至墙面距离		水箱之间净距	水箱顶至建筑结构最低点间距离
	有阀侧	无阀侧		
圆形	0.8	0.5	0.7	0.6
矩形	1.0	0.7	0.7	0.6

　　对于大型公共建筑或高层建筑，应将水箱分格或分设两个水箱，以保证安全供水。水箱底距地面应不小于800mm，以便于安装管道和进行检修，水箱底可置于工字钢或混凝土支墩上，金属箱底与支墩接触面之间应衬橡胶板或塑料垫片等绝缘材料以防腐蚀。水箱有结冻与结露的可能时，要采取保温措施。此外，水箱应加盖，应有保护其不受污染的防护措施。

　　在建筑给水设备图样中，平面图能显示出水箱长与宽；在剖面图和立面图中可显示水箱宽（或长）和高；在系统图中可表示水箱的长、宽、高和方向。有时设计人员会在图上注明建筑采用的水箱型号，那就可以根据标准水箱型号表（表2-3、表2-4）查出水箱的详细尺寸。

　　看水箱时，先看水箱的制作材质、尺寸，在房间的布置尺寸，各种管道的方向及位置，管道上的阀门、管径大小和管道连接方式等，计算出所用阀门、管件、管长等。

表 2-3　圆形钢板水箱的型号和容积

型号	圆形				
	直径/mm	有效高度/mm	总高度/mm	有效容积/m³	总容积/m³
1	1250	1000	1200	1.23	1.48
2	1750	1000	1200	2.40	2.58
3	2000	1500	1700	4.70	5.36
4	2500	1500	1700	7.35	8.35
5	2750	1750	1950	10.40	11.60
6	3000	2000	2200	14.10	15.50
7	3500	2000	2200	19.20	21.20
8	4000	2000	2200	25.00	27.60
9	4400	2000	2200	30.40	33.50
10	4750	2000	2200	35.50	39.00
11	5000	2000	2200	39.20	43.20
12	5000	2500	2700	49.20	53.00

表 2-4　矩形钢板水箱的型号和容积

型号	矩形					
	长/mm	宽/mm	有效高度/mm	总高度/mm	有效容积/m³	总容积/m³
1	1400	750	1050	1200	1.10	1.25
2	2000	1000	1050	1200	2.10	2.40
3	2500	1200	1300	1450	3.90	4.35
4	2500	1500	1650	1800	6.20	6.75
5	3000	1800	1850	2000	10.00	10.80
6	3500	2200	2050	2200	15.80	17.70
7	4000	2500	2050	2200	20.50	22.00
8	4500	2800	2050	2200	25.80	27.00
9	5000	3000	2050	2200	30.80	32.50

（续）

型号	矩形					
	长/mm	宽/mm	有效高度/mm	总高度/mm	有效容积/m³	总容积/m³
10	5000	3500	2050	2200	35.90	37.50
11	5500	3600	2050	2200	40.60	43.50
12	6000	4000	2050	2200	49.20	53.50

2.4.2 循环泵

当市政给水管网中的水压不能满足建筑内部最不利用水点的水压要求时，必须进行加压提升，循环泵是最常用的加压提升设备。

1. 循环泵的运行方式

建筑给水循环泵装置按照进水方式的不同，分为两种：一是循环泵直接从室外给水管网抽水，二是循环泵从储水池中抽水；按照循环泵的运行方式的不同，分为恒速运行和变速运行两种。

（1）循环泵直接从室外给水管网抽水 循环泵直接从外网中抽水具有很多优点：系统简单；可以充分利用外网的资用水头，是建筑给水节约能源的有效措施之一；可以保证水质不受到二次污染；可以省去储水池、吸水井等构筑物，节约投资，节省用地；便于循环泵自动控制。

但是，一般情况下城市供水部门是不允许采用这种方式的，其主要原因是：可能会造成室外给水管网的水压局部下降，影响周围用户的正常用水；还有可能因直接抽水量较大，造成室外管网局部出现负压，导致回流而污染城市生活饮用水管网。

因此，高层建筑一般较少采用直接从外网抽水的方式，如果采用必须事先征得城市供水部门同意，而且应采取有效措施，避免上述问题的出现。

（2）循环泵从储水池抽水 循环泵从储水池抽水是建筑给水最常采用的方式。城市给水外网的水送入储水池，循环泵从储水池中抽水。这种方式的缺点是：不能充分利用外网的资用水头，浪费能源；储水池设计和管理不当，有可能引起水质二次污染；建造水池土建投资增大，占地面积大，维护管理要求高；储水池一般建在室内，循环泵运行时噪声较大。虽然存在以上这些缺点，但用水量比较大的高层民用建筑以及大型公共建筑等，因为不允许直接从外网抽水，一般都采用这种方式。

（3）循环泵恒速运行 循环泵恒速运行指循环泵在运行时转速不变，在额定转速下运行，而循环泵的额定流量和扬程是按最不利条件进行计算的。但是一般的建筑物用水高峰时间通常很短，大部分时段的实际用水量小于循环泵的设计流量，当用水量低时，需用阀门来控制循环泵流量，水头损失增大，而且此时循环泵在非设计工况下工作，循环泵工作效率低，造成日常运转中的能量浪费。一般当采用循环泵-水箱联合的给水方式时，通常循环泵直接向水箱输水，循环泵的出水量与扬程几乎不变，选用离心式恒速循环泵即可保持高效运行。

（4）循环泵变速运行 循环泵变速运行是指循环泵的转速不是固定不变的，而是随着供水负荷的变化而调整变化的，即变速运行。相对于恒速运行存在的浪费能量、不经济的问题，如果循环泵采用变速调节，不仅可提高循环泵的运行效率，节约能量，同时还可以不设调节水箱，节约用地和投资。

所以，循环泵变速运行是有效、合理、节能的运行方式。目前，高层建筑或住宅小区多采用这种方式供水，或采用变速循环泵、恒速循环泵搭配使用的方式。

2. 循环泵的选择

室内给水系统常用的多为离心式循环泵。离心式循环泵具有流量、扬程选择范围大、安装方便、效率较高、工作稳定等优点。为使循环泵处于最佳工作状态，即循环泵的工况点处于高效区内，应充分了解循环泵的性能，合理选择循环泵的型号，以满足给水系统对水量、水压的要求。

选择循环泵的一般要求：

（1）效率高　大泵、单泵的效率常大于小泵、多泵的效率。

（2）造价低　小泵、单泵的造价一般小于大泵、多泵的造价。

（3）寿命长、转速小　允许吸上真空高度值大的循环泵一般寿命大于转速大、允许吸上真空高度小的水泵。

（4）噪声低　一般低转速循环泵噪声低于高转速循环泵；立式泵噪声低于卧式泵；离心泵噪声低于活塞泵；变频泵噪声低于工频泵；优质泵噪声低于劣质泵。设计时应根据给水系统所需的流量、压力计算循环泵的流量、扬程，由流量、扬程查循环泵性能表即可确定其型号。给水系统无水箱调节时，循环泵出水量要满足系统高峰用水要求，应根据设计秒流量确定；有水箱调节时，循环泵流量可按最大时流量确定。

对于消防循环泵，应根据室内消防设计水量确定流量。生活、生产、消防共用调速循环泵应在消防时保证消防、生活、生产的总用水量。

3. 循环泵的设置

（1）循环泵管道和阀门的设计　循环泵吸水管应有不小于 0.005 的坡度，坡向吸水池，其连接管道变径时，应采用偏心异径管，而且要求管顶平接，以避免管道中存气，循环泵出水管设置止回阀，应采用带有旁通管的旋启式止回阀，或其他密封性能好，具有缓闭功能、消声功能的止回阀。

循环泵房内的阀门，一般应采用明杆阀门或蝶阀，以便观察阀门的开启程度，避免误操作引起事故。阀门和止回阀的工作压力应与循环泵的扬程相一致。

（2）循环泵房　室内给水系统一般设置专门的循环泵房，循环泵机组设置在泵房内，循环泵房应有良好的通风、采光以及防冻措施，泵房内应设有排水措施，及时排除地面积水。

泵房内循环泵机组的平面布置要便于起吊设备的操作，管道的连接应力求管线短、弯头少，其间距应保证检修时能拆卸、放置循环泵和电机，便于操作。循环泵机组的布置间距应满足图 2-18 中所示的循环泵机组布置间距的要求。

若循环泵样本上未给定循环泵基础尺寸时，可根据循环泵重量及其振动等因素计算确定，一般可采用下列数据：

1）基础平面尺寸应超出循环泵机座边缘 100 ~ 150mm。

2）基础厚度应不小于循环泵机座地脚螺栓直径的 30 倍，不得小于 0.5m。

3）循环泵机组的基础表面应高出地面 0.1 ~ 0.3m。

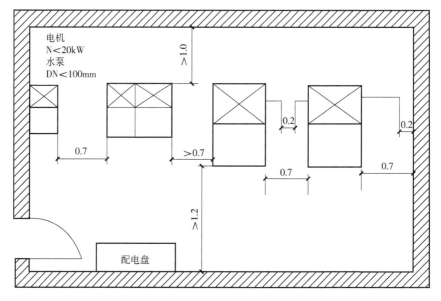

图 2-18　循环泵机组布置间距

（3）备用机组　备用泵台数的确定，应按照建筑的重要性、供水要求的供水保证率、设备抢修速度，以及循环泵装置的运行可靠性等情况来确定，一般有以下几种情况：

1）建筑要求不高，允许短时间断水的一般民用建筑，可不设备用机组。

2）一般高层建筑、大型民用建筑、居住小区等生活用水，应设置一台备用机组（包括循环泵和电机），备用泵的容量应与最大的一台循环泵相同。

3）高层建筑及大型建筑，必须设置备用泵，备用率根据建筑物的重要性来确定。

4. 循环泵装置图识读

循环泵装置图包括循环泵装置平面图、循环泵装置剖面图及循环泵安装详图等。

在识读循环泵房的循环泵装置平面图时，可以按以下顺序读取图样信息：

1）读取泵房的建筑图信息，如建筑平面的长、宽、高，门的朝向和尺寸，楼梯走廊栏杆的位置以及室外水源（如水池）的情况。

2）重点识读平面图上的循环泵台数、平面布置、泵的型号和名称。

3）循环泵进水管和循环泵出水管及各管的走向、管径、坡度坡向等。判别循环泵进、出水管的主要标志是循环泵进水管上有阀门、底阀，而循环泵出水管上除阀门外，还有止回阀。

4）识读各循环泵进、出水管的连接情况。通过循环泵装置剖面图识读，可以看出循环泵、管道的安装标高。

通过循环泵装置安装详图可以看出循环泵位置平面图、基础剖面图，地脚螺栓个数、埋设深度、螺栓直径等。

2.4.3　气压给水设备

气压给水设备是利用密闭压力罐内的压缩空气，将罐中的水送到管网中各配水点，其作用相当于水塔或高位水箱，可以调节和储存水量，并保持所需的压力。由于其供水压力是由罐内压缩空气维持，故罐体的安装高度可不受限制，因而在不宜设置水塔和高位水箱的场所，如在隐蔽的国防工程、地震区的建筑物、建筑艺术要求较高以及消防要求较高的建筑物中都可采用。

气压给水设备的优点是投资少、建设速度快、容易拆迁、使用灵活、简便，水是在密闭系统中流动，所以不易受到污染。但其缺点是调节能力小，一般调节水量仅占总容积的 20% ~ 30%，且运行费用高，而且变压式气压给水设备的供水压力变化较大，对给水附件的寿命有一定的影响，不适于用水量大和要求水压稳定的用水对象，因而其使用受到一定限制。

1. 气压给水设备的基本组成

1）密闭压力罐：内部充满空气和水。

2）循环泵：将水送到罐内及管网。

3）管路系统：水管及气管。

4）空气压缩机：加压水及补充空气漏损。

5）电控系统：用以启动循环泵或空气压缩机。

2. 气压给水设备的分类

气压给水设备的分类可按输水压力稳定性和罐内气水接触方式分类。按气压给水设备输水压力稳定性不同，可分为变压式和定压式；按罐内气水接触方式不同，可分为补气式和隔膜式。

（1）变压式气压给水设备（图 2-19）　变压式气压给水设备的工作原理是罐内空气的起始压力高于管网所需的设计压力，水在压缩空气的作用下被送至管网。随着罐内水量的减少，水位下降，罐内空气体积增大，压力逐渐减小，当压力小到规定的下限值时，循环泵便在压力继电器作用下启动，将水压入罐内，同时供入管网。当罐内水位上升到规定的上限值时，循环泵又在压力继电器作用下停止工作，如此往复。变压式气压给水设备常应用于中小型给水系统中。

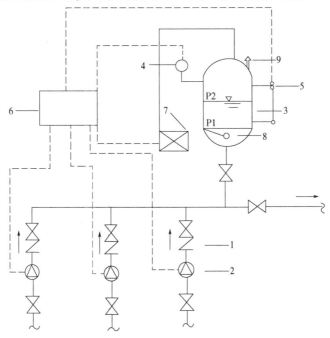

图 2-19　单罐变压式气压给水设备

1—止回阀　2—循环泵　3—气压水罐　4—压力信号器　5—液位信号器
6—控制器　7—补气装置　8—排气阀　9—安全阀

（2）定压式气压给水设备（图2-20）　如需使管网获得稳定的压力，可采用定压式单罐给水设备。目前常见的做法是在气水同罐的单罐变压式气压给水设备的供水管上，安装压力调节阀，将出口水压控制在要求范围内，使供水压力相对稳定；也可在气水分罐的双罐变压式气压给水设备的压缩空气连通管上安装压力调节阀，将阀的出口气压控制在要求范围内，以使供水压力稳定。

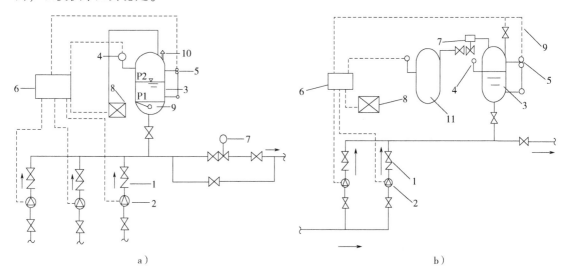

a）　　　　　　　　　　　　　　　　　　　b）

图2-20　定压式气压给水设备

a）单罐　b）双罐

1—循环泵　2—止回阀　3—气压水罐　4—压力信号器　5—液位信号器
6—控制器　7—压力调节阀　8—补气装置　9—排气阀　10—安全阀　11—储气罐

（3）补气式气压给水设备（图2-21）　在气压水罐中，气水直接接触，设备运行过程中，部分气体溶于水中，随着气量的减少，罐内压力下降，不能满足设计需要，为保证给水系统设计工况，需设补气调压装置。

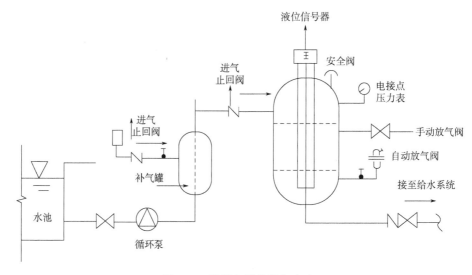

图2-21　设补气罐的补气方法

补气的方法很多，在允许停水的给水系统中，可采用开启罐顶进气阀、泄空罐内存水的简单补气法；对不允许停水的给水系统，可采用空气压缩机补气，也可通过在循环泵吸水管上安装补气阀、循环泵出水管上安装水射器或补气罐等方法补气，如图 2-21 所示，以上方法属余量补气，多余的补气量需通过排气装置排出。有条件时，宜采用限量补气法，即使补气量等于需气量，如当气压罐内气量达到需气量时，补气装置停止从外界吸气，而从罐内吸气再补入罐内，自行平衡，达到限量补气的目的，可省去排气装置。

（4）隔膜式气压给水设备（图 2-22）　在气压水罐中设置弹性隔膜，将气水分离，不但水质不易污染，气体也不会溶入水中，故不需设补气调压装置。隔膜主要有帽形、囊形两类，两类隔膜均固定在罐体法兰盘上。囊形隔膜可缩小气压水罐固定隔膜的法兰，气密性好，调节容积大，且隔膜受力合理、不易损坏，优于帽形隔膜。

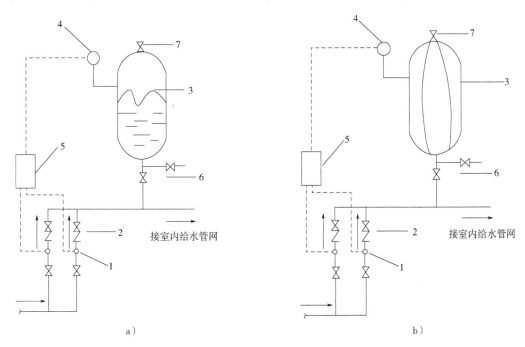

图 2-22　隔膜式气压给水设备示意图
a）帽形隔膜　b）囊形隔膜
1—循环泵　2—止回阀　3—隔膜式气压水罐　4—压力信号器　5—控制器　6—泄水阀　7—安全阀

看气压给水方式时，应先熟悉气压给水设备的作用和组成，如循环泵的型号和技术参数、气压罐的型号和内部结构、补气的方式及装置、电气控制原理，然后依"给水外管网→引入管→水表节点→水池→气压给水设备→水平干管→立管→用水龙头"方向认真识读，特别要仔细识读气压给水设备、水池、水表装置和管段。

2.5　高层建筑给水施工图

根据我国现行规范《建筑设计防火规范》GB 50016 规定：建筑高度大于 27m 的住宅建

筑和建筑高度大于24m的非单层厂房、仓库和其他民用建筑为高层建筑。高层建筑的特点是建筑高度大、层数多、面积大、设备复杂、功能完善、使用人数较多，这就对建筑给水排水的设计、施工、材料及管理方面提出了更高的要求。

2.5.1 高层建筑给水特点及要求

1）层数多、高度大、面积大、功能多、给水设备多、标准高、使用人数多，必须保证供水安全、可靠。

2）高层建筑的防火设计应立足自防自救，采用可靠的防火措施，以预防为主。

3）需采用高耐压管材、附件和配水器材；要求管材的强度高、质量好、连接部位不漏水；做好管道防振、防沉降、防噪声、防止产生水锤、防管道伸缩变位等技术措施。

4）管道通常暗敷，为了便于布置敷设各种管线，一般需设置设备层和各种管线的管道井。

5）要有自设泵房，自行供水。

6）给水系统需竖向分区供水，以避免上下层因过大的压力差而造成许多的不利情况：下层水压过大，水流喷溅，造成浪费，关阀时易产生水锤，产生噪声及振动，甚至可能造成管网损坏；上层压力不足，甚至产生负压抽吸现象，有可能造成回流污染。

高层建筑生活给水系统的竖向分区，应考虑的因素主要有：建筑物性质及使用要求；管材、附件和设备的承受能力；设备投资和运行管理费用。尽量利用室外给水管网的水压直接向建筑物的最下面几层供水。

根据现行国家标准《建筑给水排水设计标准》GB 50015 规定：卫生器具给水配件承受的最大工作压力不得大于0.60MPa；当生活给水系统分区供水时，各分区的静水压力不宜大于0.45PMa；生活给水系统用水点处供水压力不宜大于0.20MPa，并应满足卫生器具工作压力的要求；建筑高度不超过100m的建筑的生活给水系统，宜采用垂直分区并联供水或分区减压的供水方式；建筑高度超过100m的建筑，宜采用垂直串联供水方式。

2.5.2 高层建筑给水方式

高层建筑竖向分区以后，应确定经济合理、技术先进、供水安全可靠的给水方式，给水方式主要有三种：高位水箱给水方式、气压给水方式、变频泵（无水箱）给水方式。每一种给水方式都有各自的特点和适用条件，给水方式的选择应根据建筑物的性质和使用要求，综合考虑给水方式的设备占用建筑面积、设备投资费用、供水可靠性、运行费用和管理难易程度等因素。

1. 高位水箱给水方式

高位水箱给水方式的供水设备包括水泵和水箱，又可分为串联式给水方式、减压给水方式、并联给水方式。高位水箱的作用是储存和调节本区的用水量和稳定水压；水泵房内的离心泵的作用是向水箱供水。

（1）串联式给水方式（图2-23）

1）特点：管路简单造价低；水泵保持高效工作，节能；水泵

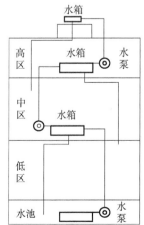

图 2-23　串联式给水系统

数量多；设备不集中，维修管路不方便；供水不安全，下区供水有故障直接影响到上区供水；下区水箱、水泵容积功率大。

2）适用范围：一般用于建筑高度超过100m的超高层建筑。

（2）减压给水方式（图2-24、图2-25）

1）特点：水泵数量少，型号统一，占地少，设施集中，便于维修和管理；管线布置简单，投资少；低区水压损失大，能量消耗多；上部水箱容积大，增加结构负荷。用减压阀减压比水箱减压更节省建筑面积。

2）适用范围：一般用于建筑高度不大，分区较少，地下室面积较小，中间允许设置水箱以及当地电费较便宜的高层建筑。

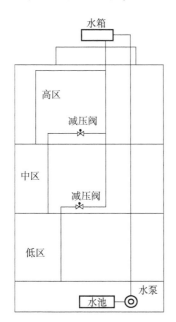

图2-24 水箱减压给水系统

图2-25 减压阀减压给水系统

（3）并联给水方式（图2-26）

1）特点：供水可靠；设备布置集中，便于维修和管理；节能，耗能少；水泵数量多；扬程各不相同；中间有水箱，增加建筑负荷。

2）适用范围：适用于建筑高度不大于100m，不允许全楼停水，且中间允许设置水箱的建筑。

2. 变频泵（无水箱）给水方式（图2-27）

1）特点。根据用户用水量的变化，对水泵变频调速，随时满足室内给水管网对水压和水量的要求；变频泵设于建筑底层，设备布置集中，便于维修和管理；中间未设置水箱，节省建筑面积；节能，耗能少；水泵数量多，扬程各不相同，投资较大。

2）适用范围。适用于建筑高度不大于100m，不允许全楼停水，且中间不允许设置水箱的建筑。

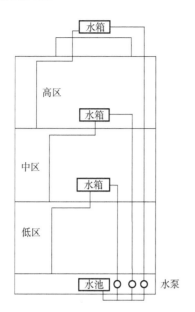

图 2-26　水泵、水池及水箱联合并联式供水

图 2-27　变频泵给水方式

3. 气压给水方式（图 2-28）

1）特点：用气压罐代替高位水箱，气压罐调节供水较变频方式安全；设备布置集中，便于维修和管理；可将气压罐设在建筑物底层，减轻楼房荷载，中间未设置水箱，节省楼层面积，对抗震有利。缺点是气压给水压力变化幅度大，气压设备效率低，耗能多，造价较高。

2）适用范围：适用于不适合设置高位水箱和水塔的高层建筑，特别是地震区的高层建筑具有重要意义。

2.5.3　高层建筑给水施工图的识读

高层建筑给水施工图要结合平面图、系统图、大样图等图样进行综合审读，下面以某酒店给水施工图作为例子来进行识图。

从图 2-29、图 2-30 中可以识读以下信息：

图 2-28　气压给水方式

1）该办公楼使用的生活用水水源来自于市政管网，市政管网自来水经过市政水表井进入到建筑物内，一路供应冷热源机房补水，另一路供应生活水箱补水，管径为 DN150。

2）生活水箱容积为 60m³，共两个生活水箱，每个水箱内设有一个自动浮球阀，在水位达到要求时浮球阀关闭，将补水管截流。

3）水泵房内共有 6 台水泵供给办公楼用水，分为高、中、低区三组水泵，每组两台，均一用一备，水泵上端与水箱出水管连接，下端连接办公楼供水主管道。水泵出口设置闸阀、可阻挠接头、压力表、止回阀等相应管道附件。

4）水源经过水泵加压进入到办公楼给水主管道内，共 3 根给水主管道，分别为 XZB-1J、XZB-2J、XZB-3J，分别供应低区、中区、高区自来水，其中 XZB-1J 管径为 DN80，其余两根管道管径为 DN100。

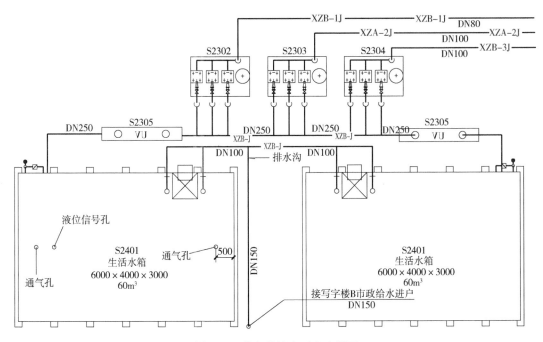

图 2-29 某办公楼水泵房大样图

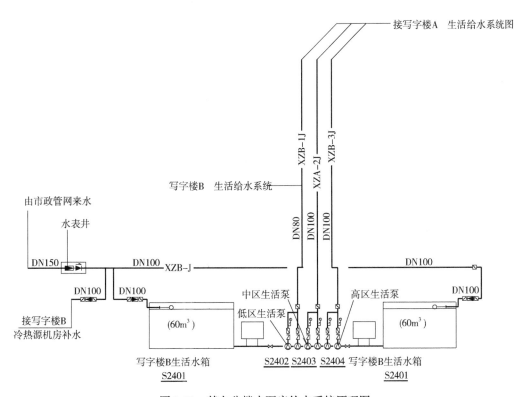

图 2-30 某办公楼水泵房给水系统原理图

从图 2-31 中可以识读以下信息:

1）三根主干管进入到管井后，分成 4 根给水立管，其中 XZB-1J 及 XZB-2J 各自分出 1

根给水立管，分别为 XZB-1JL 及 XZB-2JL；XZB-3J 分出两根给水立管，分别为 XZB-3JL-1 及 XZB-3JL-2。

2）XZB-1JL、XZB-2JL、XZB-3JL-1 分别供应低、中、高区给水系统，XZB-3JL-2 供应楼顶高位水箱补水，XZB-1JL 管径为 DN80，其余管道管径为 DN100。

3）三根立管 XZB-1JL、XZB-2JL、XZB-3JL-1 随着楼层的增高供给的水量减小，所以管道在楼层增高的过程中管径逐渐变小。以 XZB-1JL 为例，一层立管为 DN80，而四层的立管则为 DN65，五层立管为 DN50。

4）每层给水立管都分出一根水平支管，支管上设有水表及阀门，水平支管管径为 DN50。

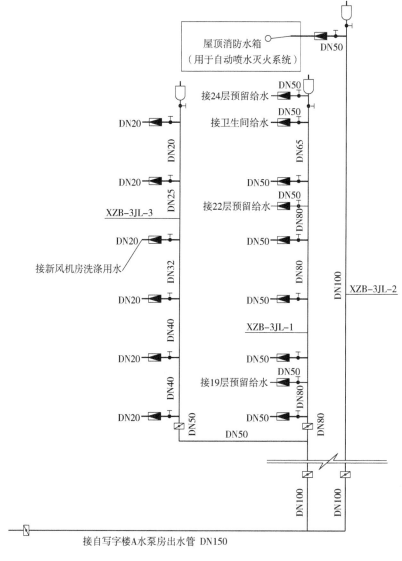

图 2-31　某办公楼给水系统图

从图 2-32、图 2-33 中可以识读以下信息：

办公楼内主要的给水点位为卫生间给水，DN50 的水平支管从水井直接进入到卫生间内。办公楼卫生间内卫生器具主要包括坐便器、小便器、水盆、拖布池等。

随着供水点位的减少，给水水平管也在逐渐缩径，给水管道在系统末端水位点管径缩小为 DN20。

系统图中给出了各给水点位的预留高度，如小便器，图中显示给水点预留高度为 +1.20m。

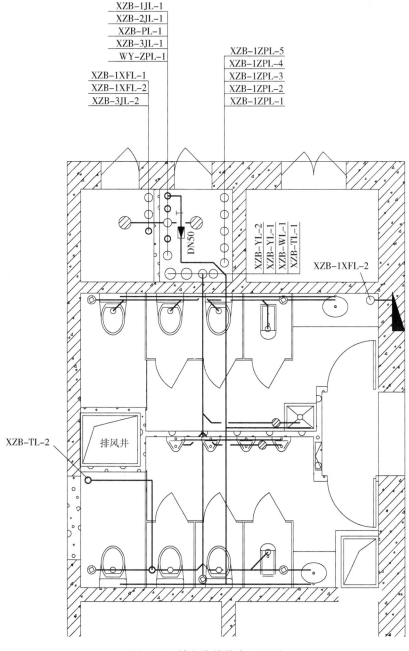

图 2-32　某办公楼给水平面图

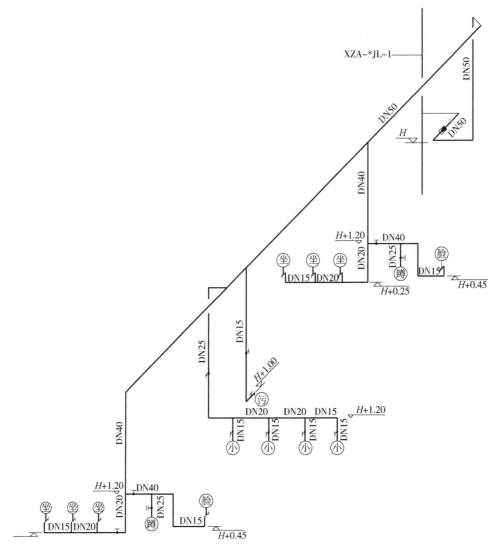

图 2-33　某办公楼给水轴测图

第3章 建筑消防给水施工图

建筑消防给水系统是将室内设有的消防给水系统提供水量用于扑灭建筑物火灾而设置的固定灭火设备。以水作为灭火剂的消防给水系统可分为消火栓给水系统和自动喷淋系统。

3.1 室内建筑消火栓给水系统

室内建筑消火栓给水系统就是通过管网系统，将室外消防给水系统提供的水量加压后，输送到建筑内部各个固定灭火设备——消火栓。消火栓灭火系统是各类建筑中，尤其是民用建筑中最基本的灭火方式。

3.1.1 消火栓系统概述

1. 室内建筑消火栓给水系统的分类

根据给水系统的压力和流量情况，室内建筑消火栓给水系统分为三种类型，见表3-1。

表3-1 室内建筑消火栓给水系统分类

消火栓给水系统类型	定义
常高压消火栓系统	系统始终处于高压状态，水压和流量随时都能满足喷水灭火要求，给水系统中不需要设消防泵
临时高压消火栓系统	给水系统平时的水压和流量不完全满足灭火需要；火灾报警后，一般10min内启动消防泵，迅速增压，供给高压消防用水。当用稳压泵稳压时，可满足压力，但不满足水量；当用屋顶消防水箱给水系稳压时，建筑物的下部可满足压力和流量要求，建筑物的上部不满足压力和流量要求
低压消火栓系统	平时系统中水压较低，管道的压力应保证灭火时最不利点消火栓的水压不小于0.10MPa（从地面算起），满足或部分满足消防水压和水量要求；灭火时需要的水压由消防车或者消防循环泵提供

2. 室内建筑消火栓给水系统的组成

室内建筑消火栓给水系统一般由水枪、水带、室内消火栓、消防管道、消防水池和水源等组成。必要时，还需设置水箱、增压设备、循环泵接合器等，即包括从供水水源一直到消防水枪出水整个过程中的各种设备，如图3-1所示。

（1）消火栓设备 由水枪、水带、消火栓组成，均安装在消火栓箱内，如图3-2所示。水枪是主要的灭火工具，一般采用直流式，喷嘴口径有13mm、16mm、19mm三种。

水带可分为麻质水带、帆布水带和衬胶水带；口径有DN50和DN65两种；长度有15m、20m、25m三种。

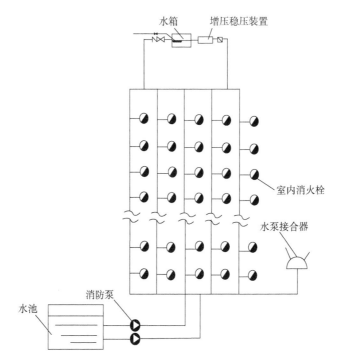

图 3-1 室内消火栓给水系统

水枪与水带的口径应相互配合。喷嘴口径 13mm 的水枪配 DN50 的水带,一般用于低层建筑;喷嘴口径为 16mm 的水枪配 DN50 和 DN65 的水带,一般用于低层建筑;喷嘴口径为 19mm 的水枪配 DN65 的水带,一般用于高层建筑。

室内建筑消火栓是设置在建筑物内消防管网上的室内消火栓内扣式球形阀式接口,发生火灾时用来连接水带和水枪,向火场供水。水带与消火栓栓口的口径应完全一致。

室内建筑消火栓有单阀和双阀两种,单阀消火栓又分为单出口和双出口,双阀消火

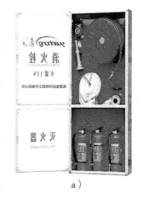
a)

b)

图 3-2 消火栓箱
a) 组合式消火栓箱 b) 独立式消火栓箱

栓为双出口。栓口直径有 DN50 和 DN65 两种:DN50 用于流量为 2.5 ~ 5.0L/s 的水枪;DN65 用于最小流量为 5.0L/s 的水枪。

(2) 给水管网 室内建筑消火栓给水管网系统由引入管、消防干管、消防立管以及相应阀门等管道配件组成。引入管与室外给水管连接,将水引入室内消防系统。

高层建筑应设置独立的消火栓给水管道系统;低层或多层建筑的室内消防管道可以独立设置,也可与生活或生产用水系统合用,具体的系统设置应根据建筑物性质、使用功能、建筑标准等实际情况,经由技术经济比较后确定。

(3) 屋顶消火栓 屋顶消火栓即试验用消火栓,是在对消火栓给水系统进行检查和试验时使用的,以确保室内消火栓系统随时都能正常运行。

（4）水泵接合器 除通过固定管道从水源处向室内消防给水系统供水外，当发生火灾而室内消防用水量不足或消防水泵不能正常工作时，可由消防车从外部向消防给水系统加压供水。水泵接合器就是消防车向室内消防给水系统加压供水的入口装置，一端由消防给水管网水平干管引出，另一端设于消防车易于接近的地方。水泵接合器有地下式、地上式和墙壁式三种，一般多采用地上式或墙壁式，如图3-3所示。设置地下式水泵接合器和墙壁式消防水泵接合器时，应有明显的标志。不同种类的水泵接合器的比较见表3-2。

a） b） c）

图3-3 水泵接合器

a）地上式消防水泵接合器 b）地下式消防水泵接合器 c）墙壁式消防水泵接合器

表3-2 不同类型水泵接合器比较

名称	优点	缺点	适用条件
地上式消防水泵接合器	目标明显，使用方便	不利于防冻，不美观	一般情况下采用
地下式消防水泵接合器	利于防冻	不便使用，目标不明显	寒冷地区
墙壁式消防水泵接合器	有装饰作用，目标明显	难以保证与建筑物外墙的距离	一般情况下采用

（5）消防水池 消防水池用于储存火灾持续时间内的室内消防用水量。当市政给水管网或室外天然水源不能满足室内消防用水量要求时，需设置消防水池。消防水池可设置在室外地下或地上，室内设有游泳池或水景水池时，可以兼做消防水池使用。

（6）消防水箱 消防水箱一般储存10min的消防用水量，用来满足扑救初期火灾的用水量和水压要求。对于不能经常性保证设计消防水量和水压要求的建筑物，应设置消防水箱或气压水罐。为确保消防水箱在任何情况下都能自动供水的可靠性，消防水箱一般设置在建筑物顶部，采用重力自流的供水方式。

3. 消火栓给水系统设置原则

按照我国现行标准《建筑设计防火规范》GB 50016的规定：

1）应设置室内消火栓给水系统的建筑或场所如下：

①建筑占地面积大于300m² 的厂房和仓库。

②高层公共建筑和建筑高度大于21m的住宅建筑。

③体积大于5000m³ 的车站、码头、机场的候车（船、机）建筑、展览建筑、商店建筑、旅馆建筑、医疗建筑、老年人照料设施和图书馆建筑等单、多层建筑。

④特等、甲等剧场，超过800个座位的其他等级的剧场和电影院等以及超过1200个座位的礼堂、体育馆等单、多层建筑。

⑤建筑高度大于 15m 或体积大于 10000m³ 的办公建筑、教学建筑和其他单、多层民用建筑。

所规定的室内消火栓系统的设置范围，在实际设计中不应仅限于这些建筑或场所，并还应按照有关专项标准的要求确定。对于在本条规定规模以下的建筑或场所，可根据各地实际情况确定设置与否。

对于 27m 以下的住宅建筑，主要采取加强被动防火措施和依靠外部扑救来防止火势扩大和灭火。住宅建筑的室内消火栓可以根据地区气候、水源等情况设置干式消防竖管或湿式室内消火栓系统。干式消防竖管平时无水，着火后由消防车通过首层外墙接口向室内干式消防竖管输水，消防员自带水龙带驳接室内消防给水竖管的消火栓口进行取水灭火。如能设置湿式室内消火栓系统，则要尽量采用湿式系统。当住宅建筑中的楼梯间位置不靠外墙时，应在首层外墙设置消防水泵接合器，并用管道与干式消防竖管连接。干式竖管的管径宜采用 80mm，消火栓口径应采用 65mm。

2) 可不设置室内消防给水系统，但宜设置消防软管卷盘或轻便消防水龙的建筑或场所如下：

①耐火等级为一、二级且可燃物较少的单、多层丁、戊类厂房（仓库）。

②耐火等级为三、四级且建筑体积不大于 3000m³ 的丁类厂房；耐火等级为三、四级且建筑体积不大于 5000m³ 的戊类厂房（仓库）。

③粮食仓库、金库、远离城镇且无人值班的独立建筑。

④存有与水接触能引起燃烧爆炸物品的建筑。

⑤室内无生产、生活给水管道，室外消防用水取自储水池且建筑体积不大于 5000m³ 的其他建筑。

3) 国家级文物保护单位的重点砖木或木结构的古建筑，宜设置室内消火栓系统。对于不能设置室内消火栓的，应采取如防火喷涂保护、严格控制用电、用火等其他防火措施。

4) 人员密集的公共建筑、建筑高度大于 100m 的建筑和建筑面积大于 200m² 的商业服务网点内应设置消防软管卷盘或轻便消防水龙。高层住宅建筑的户内宜配置轻便消防水龙。

有些建筑除设有消火栓系统外，还增设了轻便消防水龙和消防软管卷盘，如图 3-2a 所示。因为消火栓冲力比较大，普通人难以控制，一般需要专业人员或受过训练的人员才能正常地使用和发挥作用。消防软管卷盘和轻便消防水龙用水量小、配备和使用方便，适用于非专业人员使用。在国外一些发达国家，建筑内主要配备消防软管卷盘，以方便使用人员灭火时使用。对于设置消火栓有困难或不经济时，可考虑配置这类灭火器材。如老年人照料设施内应设置与室内供水系统直接连接的消防软管卷盘，消防软管卷盘的设置间距不应大于 30.0m。

4. 消火栓给水系统布置要求

（1）室内消防给水管道的设置

1) 室内消火栓超过 10 个且室外消防用水量大于 15L/s 时，其消防给水管道应连成环状，且应有不少于两条进水管与室外管网或消防循环泵连接，以便当其中一条进水管发生事故时，其余的进水管仍能供应全部消防用水量。

2) 高层厂房（仓库）应设置独立的消防给水系统，室内消防竖管应连成环状。

3) 室内消防竖管的直径不应小于 DN100。

4) 室内消火栓给水管网宜与自动喷淋系统的管网分开设置，当合用消防泵时，供水管路应在报警阀前分开设置。

5) 室内消防给水管道应利用阀门将其分成若干独立段。对于单层厂房（仓库）和公共建筑，检修停止使用的消火栓不应超过 5 个。对于多层民用建筑和其他厂房（仓库）室内消防给水管道上阀门的布置，应保证检修管道时关闭的竖管不超过 1 根，但设置的竖管超过 3 根时，可关闭 2 根。阀门应保持常开，并应有明显的启闭标志或信号。

6）消防用水与其他用水合用的室内管道，当其他用水达到最大流量时，应仍能保证供应全部消防用水量。

7）允许直接吸水的市政给水管网，当生产、生活用水量达到最大且仍能满足室内外消防用水量时，消防泵宜直接从市政给水管网吸水。

8）严寒和寒冷地区非采暖的厂房（仓库）等建筑的室内消火栓系统，可采用干式系统，但应在进水管上设置快速启闭装置，且管道最高处应设置自动排气阀。

（2）消火栓的布置要求

1）除无可燃物的设备层外，设置室内消火栓的建筑物，其各层均应设置消火栓。单元式、塔式住宅的消火栓宜设置在楼梯间的首层和各楼层休息平台上。当设两根消防竖管确有困难时，可设一根消防竖管，但必须采用双口双阀型消火栓；干式消火栓竖管应在首层靠出口部位设置，以便消防车供水的快速接口和止回阀设置。

2）消防电梯间前室内应设置消火栓。

3）室内消火栓应设置在楼梯间、走道等明显和易于取用处及便于火灾扑救的地点；住宅和整体设有自动喷淋系统的建筑物，室内消火栓应设在楼梯间或楼梯间休息平台处；多功能厅等大空间的室内消火栓应设置在疏散门等便于取用和火灾扑救的位置；在楼梯间或其附近的消火栓位置不宜变动。

4）冷库内的消火栓应设置在常温穿堂或楼梯间内。

5）同一建筑物内应采用统一规格的消火栓、水枪和水带。每条水带的长度不应大于 25m。

6）高层厂房（仓库）和高位消防水箱静压不能满足最不利点消火栓水压要求的其他建筑，应在每个室内消火栓处设置直接启动消防循环泵的按钮，并应有保护设施。

7）室内消火栓栓口处的出水压力大于 0.5MPa 时，水枪的后坐力使得消火栓难以操作，故需进行减压措施，减压采用减压稳压消火栓和减压孔板两种方式，减压稳压消火栓可减动压和静压，减压孔板只可减动压。

8）当给水管网出现短时超压，导致系统不安全时，系统内应设置泄压装置，泄压阀的设置应按规定执行。

9）设有室内消火栓的建筑，如为平屋顶时，宜在平屋顶上设置试验和检查用的消火栓。

（3）消防水箱的设置　重力自流的消防水箱应设置在建筑的最高部位，一般设在水箱间，应通风良好并防冻，和墙壁之间应有合适间距，便于安装及维修。

当室内消防用水量不大于 25L/s，经计算消防水箱所需消防储水量大于 12m³ 时，消防水箱仍可采用 12m³；当室内消防用水量大于 25L/s，经计算消防水箱所需消防储水量大于 18m³ 时，消防水箱仍可采用 18m³。

进水管管径不小于 50mm，同时应满足 8h 充水要求；进水管设置液位控制阀；进水管进水高度应高于溢流管位置，若为淹没出流，则应采取防倒流措施。

出水管应满足设计流量要求，且管径不应小于 100mm；出水管应设止回阀，防止消防加压水进入水箱，止回阀的阻力不应影响水箱出水的最低压力要求；出水管口应高于水箱底板 50~100mm。

回溢流管和放空管应间接排水。

水箱所有与外界相通的孔洞及管道均须设有防虫设施。

不推荐消防高位水箱与其他用水合用；若合用，则水箱应采取消防用水不作他用的技术措施。

发生火灾后，由消防水泵供给的消防用水不应进入消防水箱，如果进入消防水箱，需要分区设置。

（4）消防水泵的设置 独立建造的消防水泵房其耐火等级不应低于二级。附设在建筑中的消防水泵房应按规范的规定与其他部位隔开。消防水泵房设置在首层时，其疏散门宜直通室外；设置在地下层或楼层上时，其疏散门应靠近安全出口。消防水泵房的门应采用甲级防火门。

消防水泵房应有不少于两条出水管直接与消防给水管网连接，当其中一条出水管关闭时，其余的出水管应仍能通过全部用水量。

一组消防水泵的吸水管不应少于两条。当其中一条关闭时，其余的吸水管应仍能通过全部用水量；消防水泵应采用自灌式吸水，并应在吸水管上设置检修阀门。

临时高压消防给水系统的消防泵应一用一备；当消防流量大于40L/s时，两用一备，备用泵的能力不应小于消防泵中最大一台的能力；当工厂仓库、堆场和储罐的室外消防用水量不大于25L/s或建筑物的室内消防用水量不大于10L/s时，可不设置备用泵；当采用多用一备时，应考虑多台消防泵并联时，因扬程不同、流量叠加而引起的对消防泵出口压力的影响。

消防水泵应保证在接到火警后30s内启动；消防水泵与动力机械应直接连接。

（5）水泵接合器的设置 室内消火栓给水系统和自动喷淋系统应设水泵接合器。

高层厂房（仓库）、设置室内消火栓且层数超过4层的厂房（仓库）、设置室内消火栓且层数超过5层的公共建筑，其室内消火栓给水系统应设置消防水泵接合器。

水泵接合器的数量应按室内消防用水量计算确定。每个水泵接合器的流量应按10～15L/s计算。

消防给水为竖向分区供水时，在消防车供水压力范围内的分区，应分别设置水泵接合器。

水泵接合器应设在室外便于消防车使用的地点，距室外消火栓或消防水池的距离宜为15～40m。

3.1.2 消防给水图识图基础

1. 室内消防给水施工图的组成

室内消防给水施工图主要包括图纸设计总说明（图纸目录、文字说明、图例等）、系统平面图、工程系统图和工程详图四个部分，其中有关电气控制信号的内容在相关电气工程图中绘制。

2. 室内消防给水施工图的形成

消防给水施工图的图样形成原理与室内给水排水工程图的图样形成原理相同。平面图是在建筑平面图的基础上，采用正投影的原理绘制，重点突出消防给水管道、消火栓等平面位置；系统图采用轴测投影原理绘制，管道用单线法表示，消火栓等用图例表示；节点图采用正投影原理绘制，通过放大或剖面投影放大的方法，表达室内消防给水系统中有关节点的详细做法，索引参见有关标准图册。

3. 消防给水施工图主要反映的内容

（1）平面图 反映建筑的平面式样，消火栓的平面位置，消防管道的平面走向，室外消防水源的接入点，消防水箱、消防水泵及其他主要消防控制设备的平面位置等的内容。

（2）系统图 反映消防管道的空间关系、管径、消火栓的空间位置、标高等内容。

（3）详图 反映节点的详细构造做法。

4. 消防给水工程图的识读方法

识读室内消防给水施工图的方法与识读建筑给水系统施工图的方法类似，要有投影知识，要熟练掌握有关符号、代号的含意，同时要熟悉消防管道的有关构造组成。

3.1.3 消火栓系统平面图

消火栓系统平面图一般包括设计说明、地下室消防平面图、一层消防平面图、标准层消防平面图和顶层消防平面图。下面以某多层住宅为例介绍（图3-4）。

序号	版本	图别	图号	图纸名称	图幅	新图/修改图/补充图
1	1	水施	01	图纸目录	A4	新图
2	1	水施	02	设计说明	A1	新图
3	1	水施	03	地下室消防平面图	A1	新图
4	1	水施	04	一层消防平面图	A1	新图
5	1	水施	05	三~八层消防平面图	A1	新图

a）

```
                    给水设计说明（一）

一、设计依据

1. ××企业相关规范及标准、项目组提供的本工程设计任务书、市政外网资料和
书面其他相关资料。

2. 建筑及相关专业提供的有关资料及要求。

3. 给水排水及消防有关的国家现行设计规范、规程。

主要规范如下：

（1）《消防给水及消火栓系统技术规范》GB 50974—2014。

（2）《自动喷水灭火系统设计规范》GB 50084—2017。

（3）《汽车库、修车库、停车场设计防火规范》GB 50067—2014。

（4）《建筑灭火器配置设计规范》GB 50140—2005。

二、系统设计

1. 室内消火栓系统

a. 消火栓给水系统竖向分2个区，地下室至二层为低区，三层至顶层为高区，地下室
消防泵房内设置两台消火栓泵（一用一备）供各区消火栓用水，其中低区经减压阀
减压后供给，高区直接供给。
```

b）

图3-4 某住宅消防设计说明

a）图纸目录 b）文字部分

代号	名称	代号	名称	代号	名称
⊕	高区消火栓井	◉平面 ↑系统	湿式报警阀	◢平面 ◆系统	单出口消火栓
⊕	低区消火栓井	○ ↓	喷头	▷◁	蝶阀
⚠	手提式干粉灭火器	——Ⓛ——	水流指示器	——▷——	可调式减压阀
▲	推车式干粉灭火器	——▷◁——	止回阀	——⋈——	闸阀
⚐	自动排气阀	——⊘——	室内水表	——⋈——	信号蝶阀

c)

图 3-4　某住宅消防设计说明（续）

c）图例

1. 设计说明

设计说明是图样的重要组成部分，识读图样之前，应仔细阅读设计说明，对识读图样有着重要的指导意义。

1）图纸目录可以让读者快速定位图纸。图纸目录一般在所有建筑消火栓施工图的最前面，但不编入图样的序号。目录中包括建设单位、项目名称、设计单位的设计号、页数、图样序号、图别、图号、图样名称、图纸规格、是否为新图等。

2）文字部分主要介绍了工程概况、设计范围、设计指导依据、消防系统以及施工中的注意事项。

3）图例，如"XF-"为消防主管道，当建筑物的消防主管道数量多于1个时，用数字进行编号，便于识图；"XL-"为消防立管，当消防立管数量多于1个时，用"XL-阿拉伯数字"进行编号，例如"XL-1"和"XL-2"代表第1根消防立管和第2根消防立管。

2. 地下室消防平面图

地下室消防平面图描述了从市政消防外网入户到各楼栋主管道之间的消防管道走向。通过地下室平面图能够了解整个建筑的消防分区情况以及与其余管道的交叉情况，为以后地下室管道的综合排布打下基础。常用比例是1:100和1:50。

地下室消防平面图主要内容包括：

1）消防管道的编号，每一个编号的管道代表不同的管线。

2）消防管道的管径，平面图上会标注管道的公称直径。

3）消防管道的附件，如阀门、套管等。

4）消防管道的标高与位置，标高应与系统图一致。

从地下室消防平面图（一）（图3-5）中，可以读出以下信息：

1）本小区水泵接合器管6

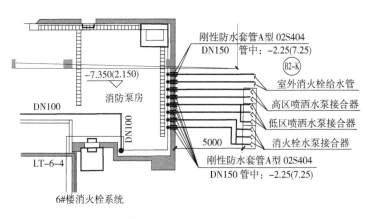

图 3-5　某住宅地下室消防平面图（一）

根，其中高区喷洒水泵接合器2根，低区喷洒水泵接合器2根，消火栓水泵接合器2根。室外消火栓给水管2根。

2）8根管道都与消防泵房内水泵设备连接，8根管道的公称直径均为DN150。

3）8根消防管的管中心标高均为−2.25m（绝对标高7.25m）。

消防泵房内的水泵将消防水池中的水通过水泵加压，经过地下室管道输送到每栋楼内，从消防地下室平面图（二）（图3-6）中可以看到，此住宅将消防管道分为高、低两个加压区，其中低区消火栓管道的公称直径为DN150，高区消火栓管道的公称直径为DN100。

从地下室消防平面图（三）（图3-7）中，可以识读到：

低区消火栓管道给地下室消火栓箱供水。图中两个消火栓箱间距为35.423m，设计要求是两个室内消火栓之间间距不得大于50m。从消火栓干管上分出支管供给各个楼栋的消火栓系统，每个分支管上都配有一个截止阀，防止以后消火栓检修或漏水时可以关闭某个区域，而不需要关闭整个系统。

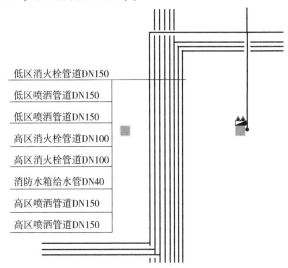

图3-6 某住宅地下室消防平面图（二）

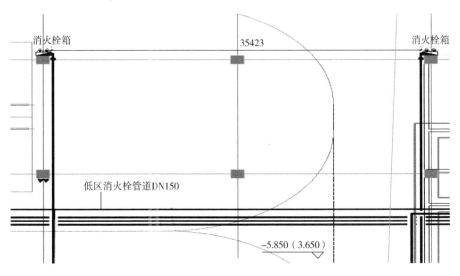

图3-7 某住宅地下室消防平面图（三）

3. 标准层消防平面图

标准层消防平面图是代表这栋楼所有相同楼层消防管道走向的图样。从图样中能够体现出管道的走向、立管的标注、消火栓的位置和个数等。

从标准层消防平面布置图（图3-8）中，可以识读到：

1）在地下室，消防干管经由分支管进入到楼栋，消防立管在水井内从下而上排布，为

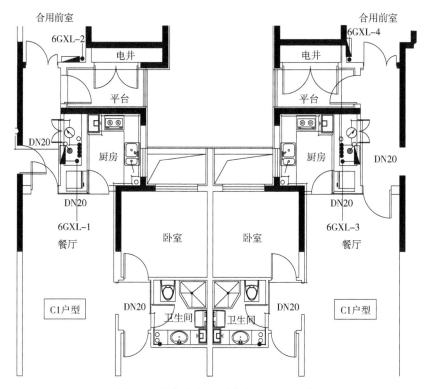

图 3-8　某住宅标准层消防平面布置图

每个楼层消火栓供水。

2）图中共有 4 条消防立管，分别为 6GXL-1、6GXL-2、6GXL-3、6GXL-4，每条立管在每一层都连接了一个消火栓箱。

3）消火栓箱紧靠砌筑墙安装，其中 1 号和 3 号消火栓箱为暗装（镶嵌在墙内），2 号和 4 号消火栓箱为明装。

4. 顶层消防平面图

由于消火栓系统到末端需要闭合形成环路，所以顶层消火栓管道与标准层消火栓管道有少许区别。

从顶层消防平面布置图（图 3-9）中，可以识读到：

除了消防立管和消火栓布置与标准层一致外，在顶层的梁底有两根 DN100 的水平管将两条消防立管连接在了一起，这两根水平管就是将消火栓系统最终形成环路的连通管。

3.1.4　消火栓给水系统图

识读消防系统图时，注意熟练掌握相关图例符号代表的内容，按照从起点到终点，即"入户管——消防泵房——水井——室内消防用水点"的顺序进行识读，逐步弄清楚给水管道的管径、走向、标高、系统形式等。为了更好地理解消防图样，图 3-10 的消防系统图与本章前面的消防系统平面图为同一工程。

1. 消防泵房系统图

从消防泵房系统图（图 3-10）中，能够识读到：

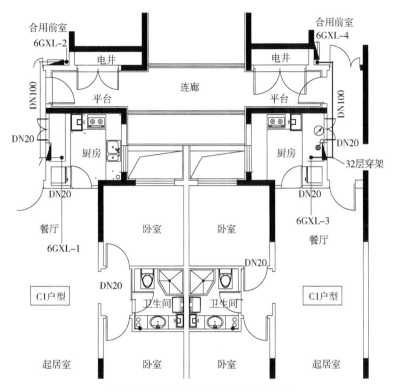

图 3-9　某住宅顶层消防平面布置图

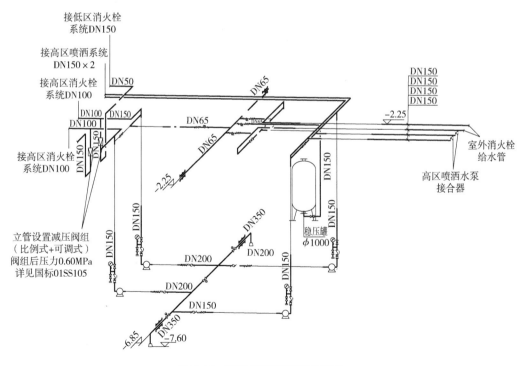

图 3-10　某住宅消防泵房系统图

1）此小区消防泵房内共有 10 台消防泵，其中 2 台消火栓给水泵，2 台室外消火栓水泵，2 台消防水箱给水加压泵，2 台低区自动喷水给水泵，2 台高区自动喷水给水泵，且每组泵组都是一备一用。

2）消防泵房内设置 1 台稳压泵，作为稳压装置。

3）消防泵房内设置减压阀组，作为系统减压装置。

4）系统通过消防泵将消防水池内的水输送到各加压区域。室内有高、低区消火栓系统，高、低区喷洒系统以及消防水箱给水系统；室外有室外消火栓系统，高、低区喷淋水泵接合器系统以及消火栓水泵接合器系统；各自系统的管道管径、相应附件，管道标高等均有表示，不做赘述。

5）所有管道在空间内的排布从图样上均能得到体现，对现场施工起到指导意义。

2. 地下室消防系统图

从地下室消防系统图（图 3-11）中，能够识读到：

1）消防水量经消防泵加压输送，从消防泵房出来的两根高区消火栓主管，分别接到 6 号楼的 4 根消防立管上。

2）消火栓主管的管径为 DN100，管道标高为 -0.800m。

3）每根立管底部都装有一个截止阀，当系统漏水或检修时，可关闭某一支路而无须关闭整个系统。

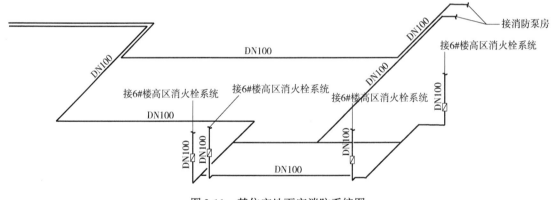

图 3-11 某住宅地下室消防系统图

3. 地上消防系统图

从地上消防系统图（图 3-12）中，能够识读到：

1）消防立管由地下室消防水平管上引出。

2）立管编号为 6GXL-1、6GXL-2，立管管径为 DN100。

3）每根立管每层都连接一组消火栓箱。

4）在顶层通过一根 DN100 连通管，将两根消防立管形成闭合环路，保证了所有消火栓都有两条回路能够供应。

5）在顶层最不利点设置了试验消火栓，以用来检测最不利点水压，从而判断系统压力是否正常。

6）每根立管底部都装有一个截止阀，防止系统漏水及检修时，关闭某一支路而无须关闭整个系统。

3.2　自动喷淋系统施工图

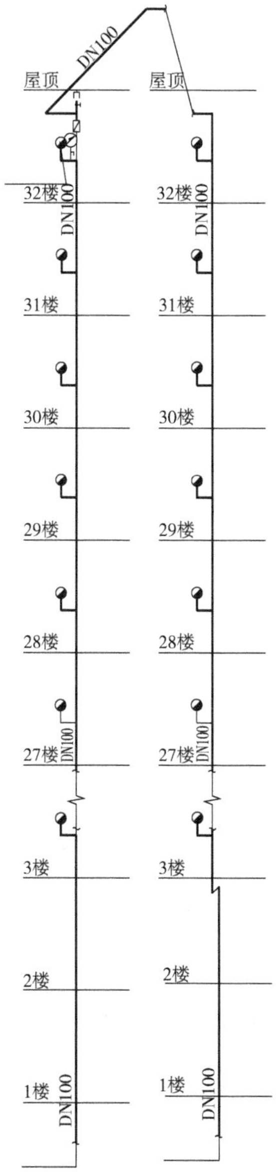

　　自动喷淋系统是一种在发生火灾时，能自动探测火灾信号并实施火灾报警（由相应电气探测系统完成），同时又能自动实施喷水灭火的特殊消防系统。它具有安全、可靠、全自动化的特点，适用于发生火灾频率高、火灾危险等级高的建筑中，如大型百货商场、高层建筑、易燃易爆品仓库、影剧院、地下建筑等建筑中。

3.2.1　自动喷淋系统及原理

　　自动喷淋系统由水源、加压储水设备、喷头、管网（主管、干管、支管）、报警装置、自动控制信号探测系统等组成。

　　管网负责输送消防水，喷头端头为外螺纹，与管网中支管相连。火灾发生时，由于火焰和热气流的作用，喷头周围的温度升高，达到预测温度极限（普通级耐温 72℃、中级耐温 100℃，高温级耐温 141℃），使喷头的易熔合金锁片的焊接材料熔化，喷头的锁紧装置失去作用，管内的水就经喷头向外喷洒，达到灭火的目的。自动探测信号系统通过探头（感温和感烟两大类）探测信号，传递信号，发出声、光报警，并可自动控制消防泵的起动，向城市消防指挥中心发出信号。消防泵负责给消防管网送水，并保证有足够的水压。消防水箱等储水设施是在保证火灾发生时，消防水泵能抽到消防水并输送到管网中。具体的工作过程如图 3-13 所示。

图 3-12　某住宅地上消防系统图

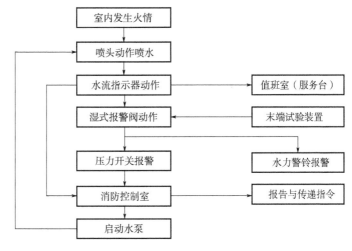

图 3-13　自动喷淋系统工作流程

自动喷淋系统有以下几种分类方式，分别是：

1）按喷头的开启形式：闭式系统、开式系统。

2）按对保护对象的功能：暴露防护型（水幕或冷却等）、控制灭火型。

3）按喷头形式：传统型（普通型）喷头、洒水型喷头、大水滴型喷头、快速响应早期抑制型喷头。

4）按报警阀的形式：湿式系统、干式系统、干湿两用系统、预作用系统、雨淋系统。

1. 闭式自动喷淋系统

闭式自动喷淋系统指在系统中采用闭式喷头，喷头系统平时为封闭状态，火灾发生时喷头打开，系统变为敞开式系统喷水，主要分为湿式自动喷淋系统、干式自动喷淋系统、预作用自动喷淋系统。

（1）湿式自动喷淋系统 管网中充满有压水，当建筑物发生火灾，火点温度达到开启闭式喷头时，喷头出水灭火。该系统有灭火及时、扑救效率高的优点。但由于管网中充满有压水，当发生渗漏时会损坏建筑装饰，影响建筑的使用。该系统适用于环境温度 4 ~ 70℃ 的建筑物。

（2）干式自动喷淋系统 管网中平时不充水，充有有压空气（或氮气），当建筑物发生火灾，火点温度达到开启闭式喷头时，喷头开启，排气、充水、灭火。

该系统灭火时，需先排除管网中的空气，所以喷头出水灭火不如湿式系统及时。但管网中平时不充水，对建筑物装饰无影响，对环境温度也无要求，适用于采暖期长而建筑内无采暖的场所。为减少排气时间，一般要求管网的容积不大于 3000L。

（3）预作用式自动喷淋系统 为喷头常闭的灭火系统，管网中平时不充水（无压），发生火灾时，火灾探测器报警后，自动控制系统控制阀门排气、充水，由干式系统变为湿式系统。预作用式自动喷淋系统只有当着火点温度达到开启闭式喷头时，才开始喷水灭火。该系统弥补了上述干、湿两种系统的缺点，适用于对建筑装饰要求高、灭火要求及时的建筑物。

2. 开式自动喷淋系统

开式自动喷淋系统是指在系统中采用开式喷头，喷头常开，系统平时为敞开状态，报警阀处于关闭状态，管网中无水。

当火灾发生时报警阀开启，管网充水，喷头喷水灭火。开式自动喷淋系统分为三种形式，雨淋自动喷淋系统、水幕自动喷淋系统、水喷雾自动喷淋系统。

（1）雨淋自动喷淋系统 当建筑物发生火灾时，由自动控制装置打开集中控制阀门，使整个保护区域所有喷头喷水灭火，如图 3-14 所示。

平常状态下，雨淋阀后的管网是无水的，雨淋阀在传动系统中的水压作用下关闭。当火灾发生时，火灾探测器感受到火灾后，便立即向控制器送出火灾信号，控制器将信号作声光显示，并同时输出控制信号，打开传动管网上的传动阀门，自动释放传动管网中有压水，使雨淋阀上的传动水压骤然降低，雨淋阀启动，消防水便立即充满管网，经过开式喷头喷水。

雨淋自动喷淋系统具有出水量大、灭火及时的优点，适用于火灾蔓延快、危险性大的建筑或部位。

（2）水幕自动喷淋系统 水幕自动喷淋系统的喷头沿线状布置，使用开式水幕喷头，将水喷洒成水帘幕状。

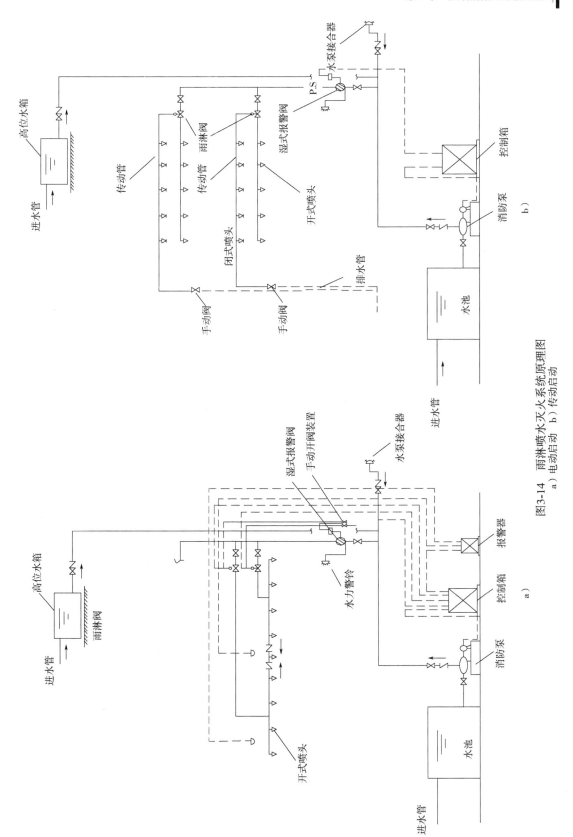

图3-14 雨淋喷水灭火系统原理图
a) 电动启动 b) 传动启动

水幕自动喷淋系统不能直接用以扑灭火灾，而是与防火卷帘、防火幕配合使用，进行冷却，阻止火势扩大和蔓延；也可用来保护建筑物的门、窗、洞口，或在大空间形成水帘，起防火隔离的作用。

（3）水喷雾自动喷淋系统　水喷雾自动喷淋系统用喷雾喷头，将水粉碎成细小的水雾滴后，喷射到正在燃烧的物体表面，通过表面冷却、窒息以及乳化的同时作用实现灭火。

由于水喷雾具有多种灭火机理，使其具有适用范围广的优点，不仅适用于扑灭固体火灾，同时由于水喷雾不会造成液体火飞溅、电气绝缘性好，还广泛应用于扑灭可燃液体火灾和电气火灾中，如石油加工场所、飞机发动机试验台、各类电气设备等。

3.2.2　自动喷淋系统主要组件

1. 喷头

喷头的形式、品种、规格很多，约有二百余种，其主要归为闭式喷头、开式喷头、特殊喷头三类（表3-3、表3-4）。

1）闭式喷头是带热敏元件及其密封组件的自动喷头。该热敏元件可在预定范围温度下动作，使热敏元件及其密封组件脱离喷头本体，并按规定的形状和水量在规定的保护面积内喷水灭火。

2）开式喷头是不带热敏元件的喷头，有三种类型：开式洒水喷头、水幕喷头、喷雾喷头。

3）特殊喷头具有特殊的结构或特殊的用途。

表3-3　各种类型喷头适用场所

喷头类别		适用场所
闭式喷头	玻璃球洒水喷头	因具有外观美观、体积小、重量轻、耐腐蚀的特点，适用于宾馆等要求美观和具有腐蚀性污染的场所
	易熔合金洒水喷头	适用外观要求不高、腐蚀性不大的工厂、仓库和民用建筑
	直立型洒水喷头	适用于安装在管路下经常有移动物体的场所，尘埃较多的场所
	下垂型洒水喷头	适用于各种保护场所
	边墙型洒水喷头	适用于安装空间窄、通道状建筑
	吊顶型喷头	属装饰喷头，可安装于旅馆、客厅、餐厅、办公室等建筑
	普通型洒水喷头	可直立、下垂安装，适用于有可燃吊顶的房间
	干式下垂型洒水喷头	专用于干式喷水灭火系统的下垂型喷头
开式喷头	开式洒水喷头	适用于雨淋喷水灭火和其他形式系统
	水幕喷头	凡需保护的门、窗、洞、檐口、舞台口等应安装这类喷头
	喷雾喷头	用于保护石油化工装置、电力设备等
特殊喷头	自动启闭洒水喷头	这种喷头具有自动启闭功能，凡需降低水渍损失的场所均适用
	快速反应洒水喷头	这种喷头具有短时启动效果，要求启动时间短的场所均适用
	大水滴洒水喷头	适用于高架库房等火灾危险等级高的场所
	扩大覆盖面洒水喷头	喷水保护面积可达 $30 \sim 36 m^2$，可降低系统造价

表3-4 各种喷头的技术性能参数

喷头类别	喷头公称口径/mm	动作温度（℃）和颜色	
		玻璃球喷头	易熔元件喷头
闭式喷头	10、15、20	57—橙、68—红、79—黄、93—绿、141—蓝、182—紫红、227—黑、260—黑、343—黑	55~70 本色 80~107 白 121~149 蓝 163~191 红 204~246 绿 260~302 橙 320~343 黑
开式喷头	10、15、20		
水幕喷头	6、8、10、12、7、16、19		

2. 报警阀

报警阀的作用是开启和关闭管网的水流，传递控制信号至控制系统并启动水力警铃直接报警，分为湿式、干式、干湿式和雨淋式四种类型。常见报警阀有 DN50mm、65mm、80mm、125m、150mm、200mm 六种规格（表3-5）。

表3-5 报警阀分类

类型	内容
湿式	1）用于湿式自动喷淋系统上，在其立管上安装 2）工作原理：湿式报警阀平时阀芯前后水压相等（水通过导向管中的水压平衡小孔，保持阀板前后水压平衡）。由于阀芯的自重和阀芯前后所受水的总压力不同，阀芯处于关闭状态（阀芯上面的总压力大于阀芯下面的总压力）。发生火灾时，闭式喷头喷水，由于水压平衡小孔来不及补水，报警阀上面水压下降，此时阀下水压大于阀上水压，阀板开启，向立管及管网供水，同时发出火警信号并启动消防泵
干式	1）用于干式自动喷淋系统上，在其立管上安装 2）工作原理：与湿式报警阀基本相同。不同之处在于湿式报警阀阀板上面的总压力为管网中的有压水的压强引起，而干式报警阀则由阀前水压和阀后管中的有压气体的压强引起。因此，干式报警阀的阀板上面受压面积要比阀板下的面积大8倍
干湿式	1）用于干、湿交替式喷水灭火系统，是既适合湿式喷水灭火系统，又适合干式喷水灭火系统的双重作用阀门，由湿式报警阀与干式报警阀依次连接而成。在温暖季节用湿式装置，在寒冷季节则用干式装置 2）工作原理：当装置转为湿式喷水灭火系统时，差动阀板从干式报警阀中取出，全部闭式喷水管网、干式和湿式报警阀中均充满水。当闭式喷头开启时，喷水管网中的压力下降，湿式报警阀的盘形板升起，水经喷水管网由喷头喷出，同时水流经过环形槽、截止阀和管道进入信号设施；当装置转为干式喷水灭火系统时，报警阀的上室和闭式喷水管网充满压缩空气，干式报警阀的下室和湿式报警阀充满水，当闭式喷头开启时，压缩空气从喷水管网中喷出，使管网中的压力下降，当气压降到供水压力的1/8以下时，作用在阀板上的平衡力受到破坏，阀板被举起，水进入喷水管网 3）为便于操作，距地面的高度宜为1.2m，报警阀地面应有排水措施
雨淋式	1）主要用于雨淋喷头灭火系统、预作用喷水灭火系统、水幕系统和水喷雾灭火系统 2）工作原理：在喷头动作以前，靠自动或手动启动，使阀内的第三室压力下降，当降至供水压力的1/2时，阀门开启，水流立即充满整个雨淋管网，喷水灭火，并启动水力警铃或电铃报警 3）阀门一般手动复位

3. 水流报警装置

1）水力警铃主要用于湿式喷水灭火系统，宜装在报警阀附近（其连接管不宜超过6m）。当报警阀打开消防水源后，具有一定压力的水流冲动叶轮打铃报警。水力警铃不得由电动报警装置取代。

2）水流指示器用于湿式喷水灭火系统中，通常安装在各楼层配水干管或支管上。当某个喷头开启喷水或管网发生水量泄漏时，管道中的水产生流动，引起水流指示器中桨片随水流而动作，接通电信号送至报警控制器报警，并指示火灾楼层。

3）压力开关垂直安装于延迟器和水力警铃之间的管道上。在水力警铃报警的同时，依靠警铃管内水压的升高自动接通电触点，完成电动警铃报警，向消防控制室传送电信号或启动消防水泵。

4. 延迟器

延迟器是一个罐式容器，安装于报警阀与水力警铃（或压力开关）之间。用来防止由于水压波动原因引起报警阀开启而导致的误报。报警阀开启后，水流需经30s左右充满延迟器后，方可冲打水力警铃。

5. 火灾探测器

火灾探测器是自动喷淋系统的重要组成部分，布置在房间或走道的天花板下面，其数量应根据探测器的保护面积和探测区面积计算而定。常用的火灾探测器有感烟、感温探测器。感烟探测器是利用火灾发生地点的烟雾浓度进行探测；感温探测器是通过火灾引起的升温进行探测。

6. 末端检试装置

末端检试装置是指在自动喷淋系统中，每个水流指示器作用范围内供水量最不利处设置检验水压、检测水流的指示器，以及报警阀和自动喷淋系统的消防水泵联动装置可靠性检测装置。末端检试装置由控制阀、压力表以及排水管组成，排水管可单独设置，也可利用雨水管，但必须间接排除。

3.2.3 自动喷淋系统设置原则

根据我国的经济发展状况，仅要求对发生火灾频率高，火灾危险等级高的建筑物中某些部位设置自动喷淋系统，具体设置原则见表3-6。

表3-6 自动喷淋系统的设置原则

设置系统类型	设置原则
闭式喷水灭火系统	1）不小于50000纱锭的棉纺厂的开包、清花车间；不小于5000锭的麻纺厂的分级、梳麻车间；服装、针织高层厂房；面积>1500m²的木器厂房；火柴厂的烤梗、筛选部位；泡沫塑料厂的预发、成型、切片、压花部位
	2）占地面积>1000m²的棉、毛、麻、化纤、毛皮及其制品库房；占地面积>6000m²的香烟、火柴库房；建筑面积>500m²的可燃物品的地下库房；可燃、难燃物品的高架库房和高层库房（冷库除外）；省级以上或藏书>100万册图书馆的书库
	3）座位个数>1500个的剧院观众厅、舞台上部（屋顶采用金属构件时）、化妆室、道具室、贵宾室；座位个数>2000个的会堂或礼堂的观众厅、舞台上部、储藏室、贵宾室；座位个数>3000个的体育馆、观众厅的吊顶上部、贵宾室、器材间、运动员休息室

（续）

设置系统类型	设置原则
闭式喷水灭火系统	4）省级邮政楼的信函和包裹分间、邮袋库 5）每层面积 >3000m² 或建筑面积 >9000m² 的百货楼、展览楼 6）设有空气调节系统的旅馆、综合办公楼内的走道、办公室、餐厅、商店库房和无楼层服务台的客房 7）飞机发动机实验台的准备部位 8）国家级文物保护单位的重点砖木或木结构建筑 9）一类高层民用建筑（普通住宅、教学楼、普通旅馆、办公楼以及建筑中不宜用水扑救的部位除外）的主体建筑和主体建筑相连的附属建筑的下列部位：舞台、观众厅、展览厅、多功能厅、门厅、电梯厅、舞厅、餐厅、厨房、商场营业厅和保龄球房等公共活动用房；走道（电信楼内走道除外）、办公室和每层无服务台的客房；停车位 >25 个的汽车停车库和可燃物品库房；自动扶梯底部和垃圾道顶部；避难层或避难区 10）二类高层民用建筑中的商场营业厅、展览厅、可燃物陈列室 11）建筑高度 >100m 的超高层建筑（卫生间、厕所除外） 12）高层民用建筑物顶层附设的观众厅、会议厅 13）Ⅰ、Ⅱ、Ⅲ类地下停车库、多层停车库和底层停车库 14）人防工程的下列部位：使用面积 >1000m² 的商场、医院、旅馆、餐厅、展览厅、旱冰场、体育场、舞厅、电子游艺场、丙类生产车间、丙类和丁类物品库房等座位个数 >800 个的电影院、礼堂的观众厅，且吊顶下表面至观众席地面的高度 ≤8m，舞台面积 >200m² 时
水幕系统	1）座位个数 >1500 个的剧院和座位个数 >2000 个的会堂、礼堂的舞台口以及与舞台相连的侧台、后台的门窗侧口 2）应设防火墙壁等防火分隔物而无法设置的开口部位 3）防火卷帘或防火幕的上部 4）高层民用建筑物内座位个数 >800 个的剧院、礼堂的舞台口和设有防火卷帘、防火幕的部位 5）人防工程内代替防火墙的防火卷帘的上部
雨淋系统	1）火柴厂的氯酸钾压碾厂房，建筑面积 >100m² 生产、使用硝化棉、喷漆棉、火胶棉、赛璐珞胶片、硝化纤维的厂房 2）建筑面积 >60m² 或储存量 >2t 的硝化棉、喷漆棉、赛璐珞胶片、硝化纤维的厂房 3）日装瓶数量 >3000 瓶的液化石油储备站的灌瓶间、实瓶库 4）座位个数 >1500 个的剧院和座位个数 >2000 个的会堂、礼堂的舞台口以及与舞台相连的侧台、后台的门窗洞口 5）乒乓球厂的轧坯、切片、磨球、分球检验部位 6）建筑面积 >400m² 的演播室；建筑面积 >500m² 的电影摄影棚 7）火药、炸药、弹药及火工品工厂的有关工房或工序
水喷雾系统	1）单台储油量 >5t 的电力变压器 2）飞机发动机试验台的试车部位 3）一类民用高层主体建筑内的可燃油浸电力变压器室，充有可燃油高压电容器和多油开关室等
不适用自喷系统的场所	遇水发生爆炸或加速燃烧的物品的存放场所 遇水发生剧烈的化学反应或产生有毒有害物质的物品的存放场所 洒水将导致喷溅或沸溢的液体的存放场所

3.2.4 自动喷淋系统管网及喷头的布置

自动喷淋系统一般设计成独立系统，管网系统包括引入管、供水干管、配水立管、主配水管、配水管、配水支管以及报警阀、阀门等系统附件。

1. 管网的布置

自动喷淋系统管网的布置，应根据建筑平面的具体情况布置成侧边式和中央布置式两种形式，如图 3-15 所示。为了保证喷水灭火系统压力能够基本稳定，达到较好的灭火效果，则系统管网的工作压力不超过 1.2MPa。

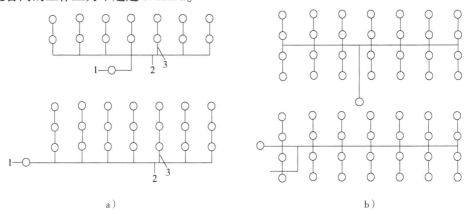

图 3-15　管网布置形式
a）侧边布置　b）中央布置
1—主配水管　2—配水管　3—配水支管

配水干管一般布置在便于维修、操作方便的位置，并设置分隔阀门，形成若干独立段，阀门经常处于开启状态，有明显的启闭标志。自动喷淋系统的管道分支较多，报警阀后的管道上不设其他用水管道，每根配水支管或配水管的直径不小于 25mm。

不同管径的配水管道在不同条件下可以安装的喷头数量，见表 3-7。

表 3-7　轻危险级、中危险级场所中配水支管、配水管控制的标准喷头数

公称直径/mm	控制的标准喷头数/个	
	轻危险级	中危险级
25	1	1
32	3	3
40	5	4
50	10	8
65	18	12
80	48	32
100	—	64

2. 喷头的布置

喷头的布置间距要求：在保护的区域内，任何部位发生火灾都能得到一定强度的水量。喷头的布置形式应根据天花板、吊顶的装修要求布置成正方形、长方形和菱形三种形式，如

图 3-16 中 a、b、c 所示。

　　水幕喷头布置根据成帘状的要求应呈线状布置，根据隔离强度要求可布置成单排、双排和防火带形式，如图 3-16 中 d 所示。

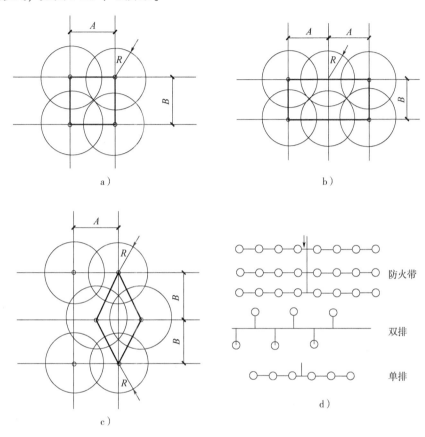

图 3-16　喷头布置的基本形式

a）喷头正方形布置　b）喷头长方形布置　c）喷头菱形布置　d）双排及水幕防火带平面布置

A、B—喷头间距　R—喷头计算喷水半径

　　直立型、下垂型喷头的布置，同一根配水支管上喷头的间距及相邻配水支管的间距应根据系统的喷水强度、喷头的流量系数和工作压力确定，并不应大于表 3-8 的规定，且不宜小于 2.4m。

表 3-8　同一根配水管支管上喷头或相邻配水管支管的最大间距

喷水强度 /[L/（min·m²）]	正方形布置的边长 /m	矩形或平行四边形布置的 长边边长/m	一只喷头的最大保护 面积/m²
4	4.4	4.5	20.0
6	3.6	4.0	12.5
8	3.4	3.6	11.5
12～20	3.0	3.6	9.0

　　净空高度大于 800mm 的闷顶和技术夹层内有可燃物时，应设置喷头。当局部场所设置

自动喷淋系统时，与相邻不设自动喷淋系统场所连通的走道或连通开口的外侧，应设喷头。装设通透性吊顶的场所，喷头应布置在顶板下。顶板或吊顶为斜面时，喷头应垂直于斜面，并应按斜面距离确定喷头间距。尖屋顶的屋脊处应设一排喷头。喷头溅水盘至屋脊的垂直距离：当屋顶坡度大于1/3时，不应大于0.8m；当屋顶坡度小于1/3时，不应大于0.6m。

图书馆、档案馆、商场、仓库中的通道上方宜设有喷头。喷头与被保护对象的水平距离应不小于0.3m；标准喷头溅水盘与保护对象的最小垂直距离不小于0.45m，其他喷头溅水盘与保护对象的最小垂直距离不应小于0.90m。

喷头洒水时，应均匀分布，且不应受阻挡。当喷头附近有障碍物时，喷头与障碍物的间距应符合相关规定或增设补偿喷水强度的喷头。

自动喷淋系统应有备用喷头，其数量不应少于总数的1%，且每种型号均不得少于10只。

湿式系统、预作用系统中一个报警阀组控制的喷头数不宜超过800只，干式系统不宜超过500只；当配水支管同时安装保护吊顶下方和上方空间的喷头时，应只将数量较多一侧的喷头计入报警阀组控制的喷头总数；串联接入湿式系统配水干管的其他自动喷淋系统，应分别设置独立的报警阀组，且控制的喷头数计入湿式阀组控制的喷头总数。每个报警阀组供水的最高与最低位置喷头，其高程差不宜大于50m。

水力警铃的工作压力不应小于0.05MPa，并应设在有人值班的地点附近，与报警阀连接的管道的管径应为20mm，总长不宜大于20m。除报警阀组控制的喷头只保护不超过防火分区的同层场所外，每个防火分区、每个楼层均应设水流指示器。

系统应设水泵接合器，其数量应按系统的设计流量确定，每个水泵接合器的流量宜按10～15L/s计算。当水泵接合器的供水能力不能满足最不利点处作用面积的流量和压力要求时，应采取增压措施。

3.2.5 自动喷淋系统施工图识读

1. 自动喷淋系统施工图的组成及内容

（1）设计说明 设计说明包括介绍工程概况、材料设备的选用、施工操作的特殊要求、有关图例符号的含意、管网压力及试验验收要求等。需要强调的是，自动喷洒消防系统的施工验收由当地公安消防部门负责，其设计图纸要交消防部门审验通过后才能施工。

（2）平面图 平面图主要表达喷头的平面位置、管道的平面走向、立管的平面位置及编号、消防水箱、水泵的平面位置、消防水源的接入点等内容。平面图需分层绘制，标准平面图可以表示若干层平面布置方式相同的楼层。

（3）系统图 系统图反映消防喷洒管道的空间走向、标高、喷头的空间位置、管径、管道的安装坡度及坡向、试验喷头的空间位置等内容。

（4）详图 详图是管路中设备的安装大样图，可以参见有关手册及设备生产厂家的产品安装详图。

2. 自动喷淋系统施工图识读

自动喷洒系统施工图的形成原理、图示方法及识读方法步骤与前面阐述的建筑给水系统和消火栓系统相似，这里就不再详细赘述。下面以某住宅自动喷淋系统施工图为例，进行识图。

从图3-17中可以识读出：从消防泵房引出4根喷淋主管道，其中两根高区喷淋管道，两根低区喷淋管道，管道直径均为 DN150。

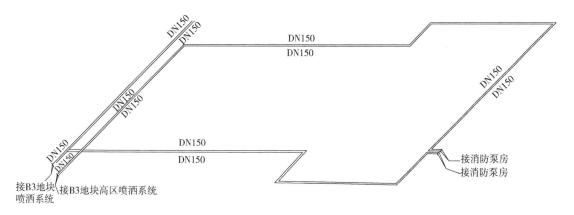

图 3-17　地下室自动喷淋系统图（一）

从图 3-18 中可以识读出：消防主管道与报警阀组连接，经过报警阀组，再反馈到各个防火分区及楼层内部。阀组之间连接管道管径为 DN150，相应阀门在系统图内均有显示。

从图 3-19 中能够识读到的信息有：

1）喷淋管道通过报警阀组反馈到楼栋主体位置，通过喷淋立管进入室内。立管管径为 DN150。

2）立管进入室内分支成水平管，水平管上安装截止阀以及水流指示器。水平管不断往外分支成若干小支管，水平管管径不断变小，由 DN125 一直缩小到末端的 DN25。

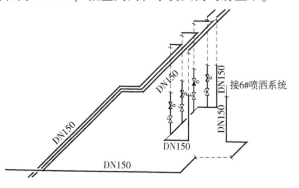

图 3-18　地下室自动喷淋管道系统图（二）

3）每一个分支管上面的喷头数均为超过 8 个，且最小管管径没有小于 DN25，满足规范的设置要求。

3.3　高层建筑消防施工图

按照现行国家标准《建筑设计防火规范》GB 50016 规定：建筑高度大于 27m 的住宅建筑和建筑高度大于 24m 的非单层厂房、仓库和其他民用建筑为高层建筑。

高层建筑中人员众多，人流频繁，内装饰多，加上诸如电梯井、管道井、楼梯间和垃圾管道井等竖井会助长火势的蔓延，一旦发生火灾，内部人员疏散又相对困难，其危害性更大，因此必须高度重视高层建筑的消防问题。

3.3.1　高层建筑消防给水的特点

对于低层建筑，消防给水系统的任务是扑灭建筑物初期火灾，所以给水系统的水量、水

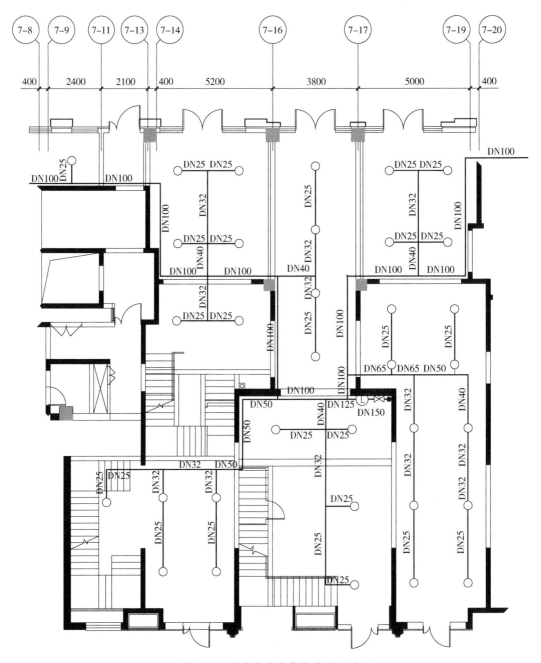

图3-19 室内自动喷淋管道平面图

压都是按照扑灭建筑物初期火灾的要求进行设计的，较大的火灾、初期没有扑灭的火灾，要依靠室外的消防车来灭火。

对于高层建筑，因其建筑高度超过了消防车能够直接有效扑灭火灾的高度，所以一旦发生火灾，只能依靠建筑内部的消防给水系统本身的工作来灭火。消防队员到达现场后，一般是首先使用室内消火栓给水系统来控制火灾，而不是首先使用消防车的消防设备。

高层建筑消火栓给水系统的设计原则是：立足自救。为确保消防安全，满足"自救"

的要求，高层建筑在消防给水系统的设置、供水方式以及消防器材设备的选配和设计参数确定等方面均比低层、多层建筑有更高的要求。

现行国家标准《建筑设计防火规范》GB 50016 将民用建筑按照其建筑高度、功能、火灾危险性和扑救难易程度等进行了分类，其中的高层民用建筑根据建筑高度、使用功能和楼层的建筑面积又可分为一类和二类。民用建筑的防火设计规范是以该分类为基础，分别在耐火等级、防火间距、防火分区、安全疏散、灭火设施等方面提出了不同的设计要求，以实现保障建筑消防安全与保证工程建设和提高投资效益的统一。民用建筑的分类应符合表 3-9 的规定。

表 3-9　民用建筑的分类

名称	高层民用建筑		单、多层民用建筑
	一类	二类	
住宅建筑	建筑高度大于 54m 的住宅建筑（包括设置商业服务网点的住宅建筑）	建筑高度大于 27m，但不大于 54m 的住宅建筑（包括设置商业服务网点的住宅建筑）	建筑高度不大于 27m 的住宅建筑（包括设置商业服务网点的住宅建筑）
公共建筑	1）建筑高度大于 50m 的公共建筑 2）任一楼层建筑面积大于 1000m² 的商店、展览、电信、邮政、财贸金融建筑和其他多种功能组合的建筑 3）医疗建筑、重要公共建筑、独立建造的老年人照料设施 4）省级及以上的广播电视和防灾指挥调度建筑、网局级和省级电力调度建筑 5）藏书超过 100 万册的图书馆、书库	除一类高层公共建筑外的其他高层公共建筑	1）建筑高度大于 24m 的单层公共建筑 2）建筑高度不大于 24m 的其他公共建筑

3.3.2　高层建筑消防给水系统的分类

高层建筑必须设置独立的消防给水系统。高层建筑的消防给水系统可按不同方式进行分类，见表 3-10。

表 3-10　高层建筑消防给水系统分类

分类依据	名称	内容
按消防给水压力的不同	高压消防给水系统	管网内经常保持灭火所需水量、水压，不需起启动升压设备，即可直接使用灭火设备救火。该系统简单，供水安全，有条件时应优先采用
	临时高压消防给水系统	有两种情况，一种是管网内最不利点周围平时水压和水量不满足灭火要求，火灾时需起动消防水泵，使管网压力、流量达到灭火要求；另一种是管网内经常保持足够的压力，压力由稳压泵或气压给水设备等增压设施来保证，在泵房内设消防水泵，火灾时需启动消防泵使管网压力满足消防水压要求。后者为目前高层建筑中广泛采用的消防给水系统，临时高压给水系统需要可靠的电源，才能确保安全供水

（续）

分类依据	名称	内容
按消防给水系统供水范围的大小	区域集中高压（或临时高压）消防给水系统	每栋建筑单独设置消防给水系统，该系统便于管理，节省投资，适用于集中建设的高层建筑
	独立高压（或临时高压）消防给水系统	每栋建筑单独设置消防给水系统，该系统较区域集中高压消防给水系统更安全，但管理分散，投资高，适用于地震区或区内分散建设的高层建筑
按消防给水系统灭火方式的不同	自动喷水灭火系统	能自动喷水、报警，灭火、控火的成功率高，是当今世界上广泛采用的固定灭火系统，但其造价高 目前在我国100m以上的超高层建筑由于火灾隐患多，火灾蔓延快，人员的疏散及火灾扑救难度大，所以除面积小于5m²的卫生间、厕所和不宜用水扑救的部位外，均应设置自动喷水灭火系统
	消火栓给水系统	灭火效果不如自动喷水灭火系统，但因其系统简单、造价低，基于我国目前的经济条件，100m以下的高层建筑，以水为灭火剂的消防系统仍以消火栓给水系统为主，各类高层建筑中均需设置消火栓给水系统

根据设计要求，高层建筑中需同时设置消火栓给水系统和自动喷水灭火系统时，应优先选用两类系统独立设置的。

3.3.3　高层建筑消防给水方式

高层消防给水系统有分区和不分区两种给水方式，不分区消防给水方式是一栋建筑采用同一消防给水系统供水。当消火栓给水系统消火栓处静水压力大于1.0MPa，自动喷水灭火系统中的管网压力超过1.2MPa时，则需分区供水，分区消防给水方式分串联分区消防给水方式、并联分区消防给水方式、减压阀分区给水方式。

1. 串联分区消防给水方式

各层分设水泵、水箱，分别安装在相应的技术设备层内。低压的消防水泵向低压的消防管网和低区上部的水箱供水；高区的消防水泵从低区的水箱中取水，向高区的消防管网和高区的水箱供水。如果系统有多个分区，则以此类推，上区水泵从下区水箱中抽水供本区使用，低区水箱兼作上区水池。因而各区水箱容积为本区使用水量与转输到以上各区水量之和，水箱容积从上向下逐区加大。

串联分区的优点是不需要设置高压水泵和耐高压管道；各区水泵的流量和压力可按本区需要设计，供水逐级加压向上输送；水泵可在高效区工作，耗能少，设备及管道比较简单，投资较省。

串联分区的缺点是消防水泵分别设置在各区技术层内，占用建筑面积较多，分散不便于管理；同时对建筑结构的要求，对防震、防噪声、防漏的要求都比较高；另外一旦高区发生火灾，下面的各区的水泵必须联动，逐层向上供水，因此安全可靠性较差。

2. 并联分区消防给水方式

整个给水管网系统竖向分为两个区，有的高层建筑会分更多的区。各区单设水泵和水箱，各区独立，低区设置低扬程水泵，高区设置高扬程水泵；水泵一般都集中设置在建筑物底层的总泵房内，方便运行管理，安全可靠性高，一处发生事故，影响范围小；各区消防水箱的位置根据该区最高处的消火栓所需压力来确定，应能保证最高处的消火栓消防射流充实水柱达到13m的要求；水箱由生活给水管道补水，严禁由消防水泵补水，水箱的出水管上设置有止回阀，防止消防水泵启动时，由于部分水进入水箱降低了消火栓处的水量和水压。

并联分区的缺点是水泵型号较多，压水管线较长；高区所需的扬程比较高，需要采用耐高压的消防立管和高扬程的水泵；高区的压力比较大，如果消防车没有高压水泵或者消防车的压力不够，高区的水泵接合器就会失去作用；并联分区的给水方式适用于分区较少的高层建筑（如100m之内），或超高建筑的顶部100m范围内。

3. 减压阀分区给水方式（图3-20）

由建筑物底层的水泵将消防水池中水加压后，输送至高区水箱，低区和高区管路之间设置有减压阀，水箱水再通过各区减压阀减压，依次进入低区。

减压给水方式的优点是水泵型号统一，设备布置集中，便于管理；与前面各种给水方式比较，水泵及管道投资较省；如果设减压阀减压，各区可不设水箱，节省建筑面积。其缺点是设置在建筑物高层的总水箱容积大，增加了建筑底层的结构荷载；下区供水受上区限制；下区供水压力损失大，能源消耗大。

消防给水系统宜采用比例式减压阀，比例式减压阀的减压比不宜大于3:1；每个分区的减压阀一般不少于2组，2组减压阀并联安装，2个减压阀交换使用，互为备用。

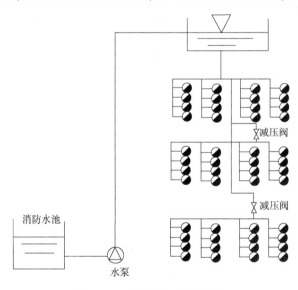

图3-20 减压阀分区给水方式

3.3.4 高层建筑消防系统的设置要求

1. 高层建筑消防用水的水量要求

高层建筑的消防用水量应该能够满足消火栓系统和自动喷洒系统的用水量要求。表3-11是高层建筑室内消火栓给水系统用水量。

表 3-11　高层建筑室内消火栓给水系统用水量

建筑名称	建筑高度 /m	室外消防用水量 / (L/s)	室内			
			消防用水量 / (L/s)	每根竖管水柱股数	同时到达任意点水柱股数	每股水量 / (L/s)
一般塔式、单元式住宅	≤50	15	10	2	2	5
	>50	20	15	2	2	5
重要塔式住宅、旅馆、办公楼、一般住宅、旅馆、办公楼、医院	≤50	20	20	2	2	5
	>50	25	25	2	2	5
百货、展览、科研、邮政大楼、丙类火灾危险性的厂房和库房，重要住宅、医院、旅馆、办公楼、教学楼	≤50	30	30	3	2	5
	>50	35	35	3	2	5

1）对于一般塔式住宅每层面积小于 500m²，消防立管在两根和两根以上时，每根竖管供应水柱股数为两股，若设两根竖管有困难，也可设一根竖管，其管径不小于 100mm，且保证相邻楼层消火栓的水柱能同时到室内任一着火点。

2）当室内有自动喷洒消防设备时，在消防水泵启动前 10min，消防用水量应附加 10L/s，在消防水系启动后 50min 内不应少于 55L/s，其中的 30L/s 供自动喷洒消防系统。

3）高层建筑的消防供水除了有水量的要求外，还应满足水柱高度要求。其充实水柱一般不低于 10m，高度超过 50m 的百货、展览建筑（包括博物馆）、科研楼、重要旅馆、办公建筑，其充实水柱不应小于 13m。

2. 高层建筑消防系统管网及用水水源设置要求

1）室外消防给水管道应布置成环状，如室外给水管网为树状或虽为环状但不能保证供给所需的消防用水量，应设置 3h 消防专用储水池。

2）消防水泵应各区分别设置，其压力应能满足本区最不利点消火栓所需射流压力。消防泵应有 100% 的备用数量，每台消防泵应有独立的吸水管，并采用自灌式进水，以免耽误灭火。

3）高度在 50m 以下的建筑，虽然消防车尚能扑救火灾，但在室内消防管网上应设置水泵接合器，以便由消防车通过接合器加强室内管网的压力。

4）高层建筑的消防给水系统应包含自动报警装置和水泵自动控制装置，以保证在火警发生后的 5min 内启动消防泵。

5）消防给水系统的进水管道不应少于两根，竖向管道应作分区，每一区中任意点的静水压力和消防泵开启后的压力均不应超过 100m 水柱。为了保证设置在本区技术层及相邻下 3 层的消火栓失火起始 10min 内充实水柱所需的压力，上一区的消防网必须延伸装设。

6）最上区的 3 层消火栓必须设置专用加压设备，如气压给水设备或按钮式专用消防泵，以保证在消防泵启动前供给足够的压力。

7）高层建筑的消防给水系统与生活给水系统必须分开设置，自成独立体系，以保证消防供水的安全。竖向管应成环网，立管多于 5 根时，水平方向也应成环网，管网上要设置必要的闸阀。

8）消防专用水泵应有不间断电源，为此可采用两路电源，或采用同一路电源设两条独立母线由环形电网供电，也可以备置其他动力，如柴油发电机等。

3.3.5　高层建筑消防施工图的识读

高层建筑消防施工图要结合平面图、系统图等图样进行综合审读，下面以某办公楼消防施工图为例来进行识图。

从图 3-21 及图 3-22 中识读的信息如下：

1）本项目的消防水泵房内共有 7 台水泵，其中两台室内消火栓泵（XH-），两台室外消火栓泵（WH-）以及三台自动喷洒泵（ZP-）。室内消火栓及室外消火栓泵均为一备一用，

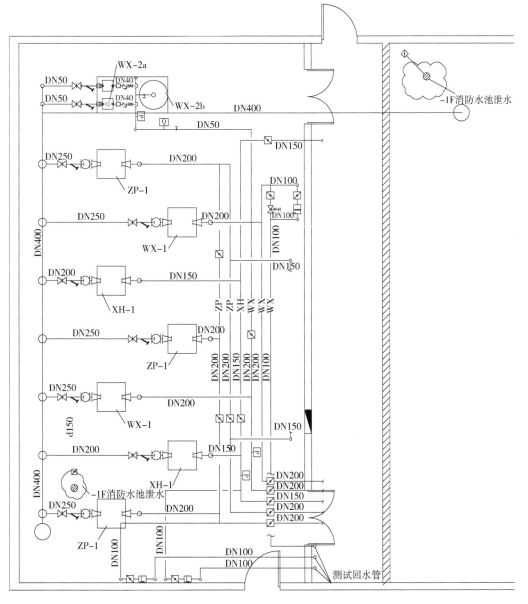

图 3-21　消防水泵房平面放大图

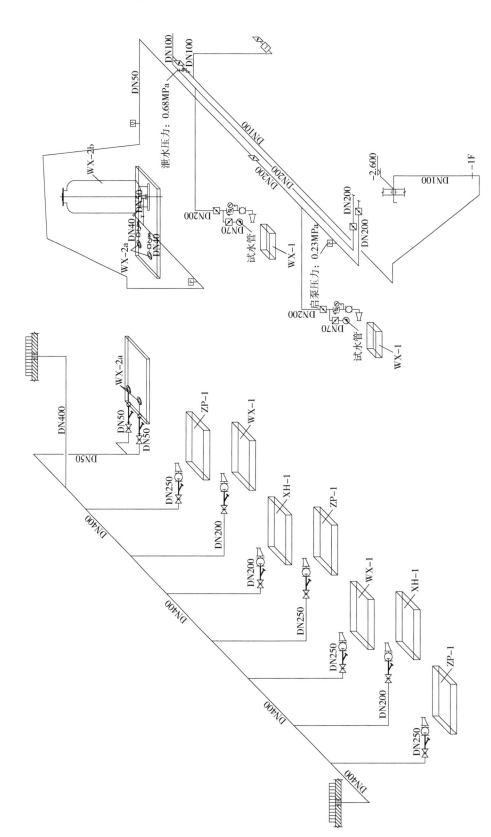

图3-22 消防泵房系统轴测图

自动喷洒泵为两用一备。

2）水泵吸水管主管管径为 DN400，水源来自消防水池，室内及室外消火栓水泵吸水管管径为 DN200，自动喷洒泵吸水管为 DN250。吸水管上装有闸阀、止回阀、避震喉等给水附件。

3）室内消火栓泵出水管管径为 DN150，室外消火栓及自动喷洒泵出水管管径为 DN200。每个水泵出水管都装有一组试验消火栓，并配有闸阀、蝶阀、消声止回阀、压力表等给水附件。

从图 3-23～图 3-25 中，可以识读以下信息：

1）本项目消防系统为设水泵和水箱的消防供水系统。

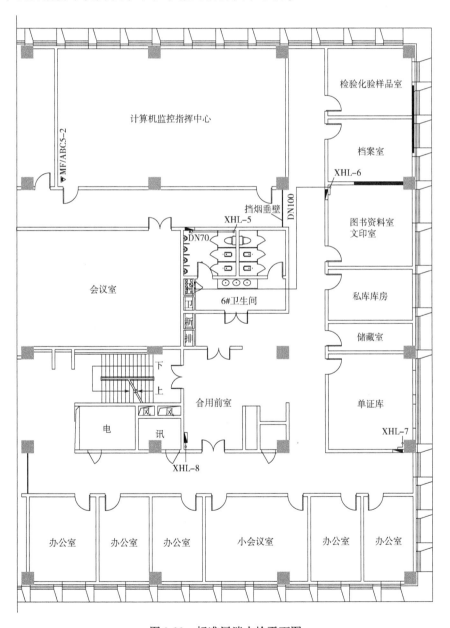

图 3-23　标准层消火栓平面图

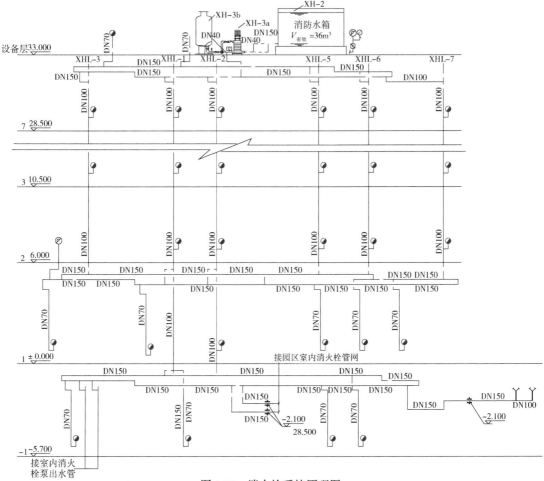

图 3-24 消火栓系统原理图

2）从消防泵房引出两根消防主干管，管径为 DN150。在地下室区域形成环路，地下室环管分出分支管，供应地下室所有的消火栓箱点位。

3）从消防主干管分出 8 根消防立管，供办公楼楼上消防系统，编号为 XHL-1～8。立管管径为 DN100。每根立管每层分出一组消火栓箱，每层楼内均有 8 组消火栓箱。

4）在顶层所有的消火栓立管通过环管连成环路，环管管径为 DN150，以确保所有消火栓都有至少两个回路供应。

5）设备层设置了高位水箱、稳压罐等设备，并设置试验消火栓，确保最不利点压力的测定。

从图 3-26 及图 3-27 可以识读以下信息：

1）从消防泵房自动喷洒水泵分出 7 条供水线路，其中 2 条线路供应园区自动喷洒管网，剩下 5 条线路中有 1 条供应地下室喷淋管线，其余 4 条作为喷淋立管进入到建筑物内。

2）系统内共有 4 根喷淋立管，编号为 ZPL1～3 及 ZPL-W，立管管径均为 DN150。ZPL1～3 的 3 根立管将整个系统分成三个加压分区，ZPL-1 带 1～8 层喷淋管道，ZPL-2 带 9～16 层喷淋管道，ZPL-3 带 17～24 层喷淋管道，ZPL-W 是屋面稳压罐及屋面水箱的补水管道。

3）平面图中喷淋立管在水井内从上到下布置，每层喷淋立管均分出一条水平支管，管径 DN150，水平支管再逐渐分水平分支管，管径逐渐下降，直到喷淋点位末端 DN25。

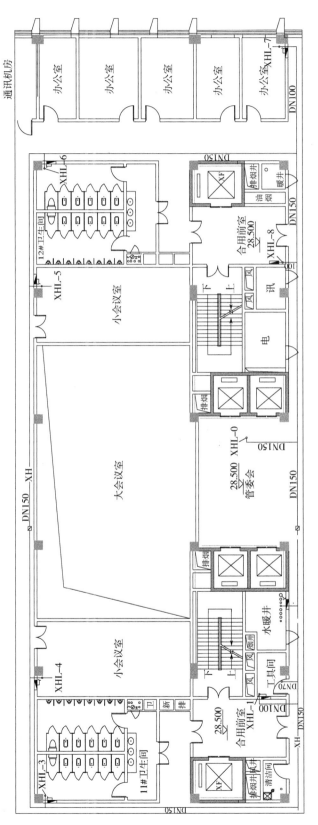

图3-25 顶层消火栓平面图

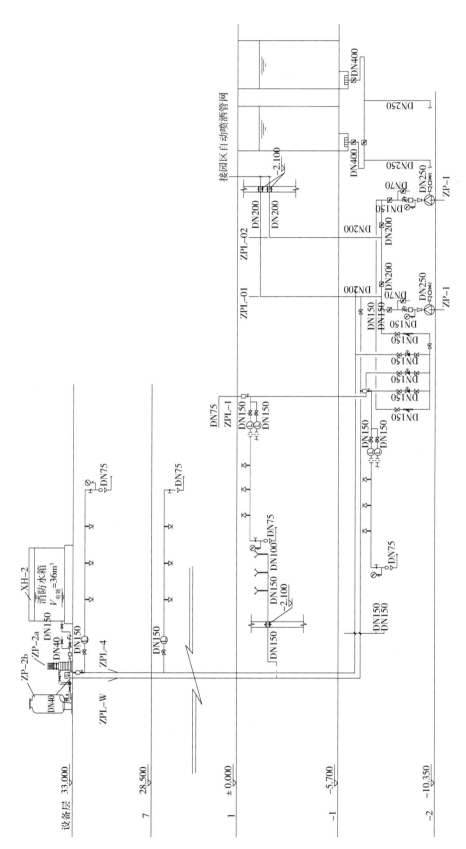

图3-26 自动喷洒系统图

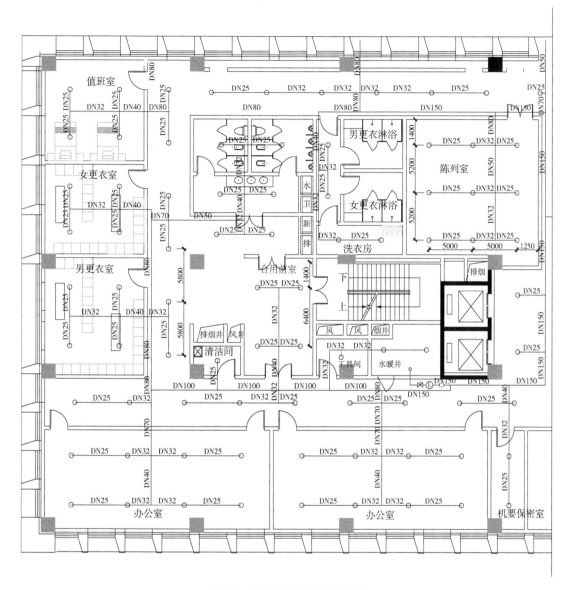

图 3-27 标准层自动喷洒系统图

第4章　建筑热水施工图

热水供应系统是保证用户能按时得到符合设计要求的水量、水温、水压和水质的热水供水系统。识读建筑热水施工图，应该掌握热水系统的分类、组成和基本原理，掌握热水图样的特点和识别图样的方法，并在实际工程中予以运用。

4.1　建筑热水概述

室内热水系统是以不同的热源通过加热方式把冷水加热到所需温度，通过管道输送到各用水点。

4.1.1　热水系统的分类

（1）局部热水供应　供给单个或数个配水点所需热水的供应系统。该系统管道较短，热损失少，系统简单，系统的维护管理方便，但是热效率低，建筑物内热水配水点需要单独设置加热器，适用热水用水量不大的且分散的建筑。

（2）集中热水供应系统　供给一幢建筑物或者数幢建筑物所需热水的供应系统。该系统加热设备集中设置，便于维护管理，热效率高，但设备投资较大，管网较长，热损失较大，适合用水量比较大的建筑。

（3）区域热水供应系统　通过市政热力管网输送到整个建筑群的热水系统。不需要在建筑物内设置加热设备，节省占地和空间，制备热水成本较低，但是设备系统复杂，投资高，维护管理复杂。

4.1.2　热水系统的组成

集中热水供应系统的室内热水系统主要由第一循环系统、第二循环系统以及附件组成，如图4-1所示。

（1）第一循环系统（热媒系统）　第一循环系统指的是锅炉与水加热器或热水机组与热水储水器之间组成的热媒循环系统。锅炉产生的高温热水或者蒸汽通过热媒管道输送至加热器中加热冷水，冷凝水通过冷凝水泵输送至锅炉继续加热。热媒宜首先利用工业余热、废热、地热。

（2）第二循环系统　第二循环系统指的是水加热器或热水储水器与热水配水点

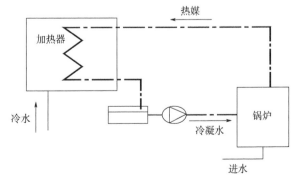

图4-1　第一循环系统

之间组成的热水循环系统。从加热器热水出水，通过热水管道输送至用水点，通过循环管道和循环泵把热水回水输送至加热器继续加热（图4-2）。

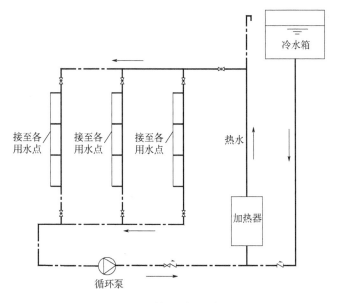

图4-2　第二循环系统

（3）附件　热水循环系统中的附属设备，如循环泵、膨胀罐、疏水器、补偿器等。

1）循环泵。循环泵的作用是保持水的循环，一般出水管上设置止回阀，除此之外，止回阀一般还设置在水加热器的冷水供水管上和第二循环的回水管上，如图4-3所示。目的是为了防止压力变化产生倒流，热水回流到冷水管网中产生热污染和安全事故。

2）疏水器。疏水器的作用是将管道中产生的冷凝水不断排放到凝结水箱中，蒸汽热媒加热时，蒸汽作热媒的加热器的凝水管上设置疏水器的目的是保证热水管道汽水分离，蒸汽畅通，不产生汽水撞击，延长设备使用寿命。

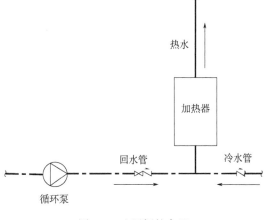

图4-3　止回阀的布置

3）补偿器。热水管道因受热膨胀会伸长，产生内应力，致使管道弯曲甚至破裂，为了减少管道膨胀产生的内应力，应尽量采用管道自然补偿，在较长管段应设置补偿器。

4.1.3　热水系统的布置形式

1. 开式系统和闭式系统

开式系统指的是在所有配水点关闭后，热水管系统仍与大气相通，如图4-4所示。该系统管网顶部设有高位加热水箱，系统的水压稳定是根据水箱的水位，不受市政给水管网的压力变化影响，保证系统的供水安全可靠。一般适用于用水点要求稳定的压力时，建筑空间允许设置高位水箱的建筑物。

闭式系统指的是在所有配水点关闭后，热水管系统与大气隔绝，形成密闭系统，如图4-5所示。该系统的压力不稳定，需要通过设置安全阀和膨胀罐保证系统的安全。

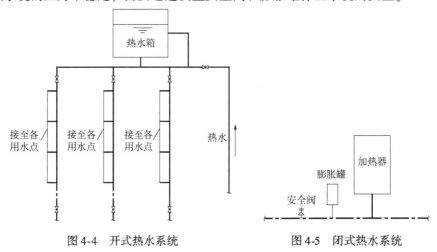

图4-4　开式热水系统　　　　　　　　图4-5　闭式热水系统

2. 全循环系统和半循环系统

全循环系统指的是所有配水干管、立管和支管都有各自的回水管道，保持热水循环，保证配水管网任意用水点随时打开都能达到所需热水的设计温度，如图4-6所示。该方式适用于对热水供应要求较高的建筑，如高级酒店、宾馆等。

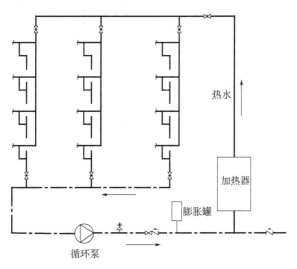

图4-6　全循环热水系统

半循环系统分为立管循环和干管循环方式。立管循环是指热水立管和干管内保持热水循环，打开用水点只需放掉支管中少量冷水，就能获得所需温度的热水，立管循环热水系统如图4-7所示。

干管循环是指热水干管内存在循环，热水立管没有循环，使用前先把干管中的冷水加热，打开用水点放掉立管和支管内的冷水就可流出符合温度的热水，如图4-8所示。

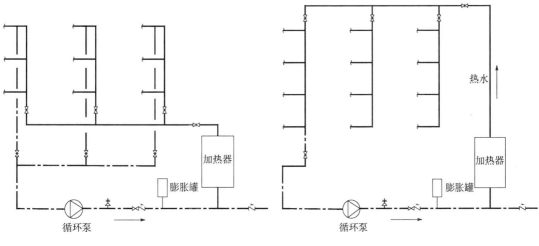

图 4-7　立管循环热水系统　　　　　图 4-8　干管循环热水系统

3. 同程系统和异程系统

同程系统指的是每个配水点的供水管路的长度和回水管路的长度基本相等，水流从加热器出口经过供水管路至用水点和回水到加热器的管路，如图 4-9 所示，同程系统有利于热水系统的循环，可防止系统中出现热水短路，有利于水力平衡，起到节水节能的作用。建筑物内集中热水供应系统的热水循环管道宜采用同程布置的方式；当采用同程布置困难时，应采取保证干管和立管循环效果的措施。

异程系统指的是每个配水点供水管路的长度和回水管路的长度不相等，如图 4-10 所示。此系统可能出现热水短路现象，可能无法保证用水点获取所需温度的热水。

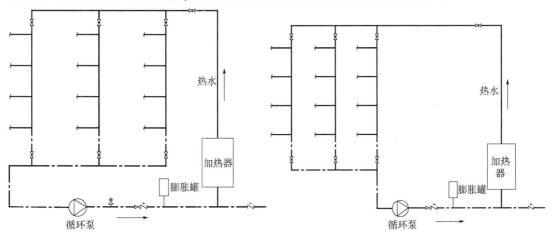

图 4-9　同程热水系统　　　　　图 4-10　异程热水系统

4. 上行下给式系统和下行上给式系统

上行下给式系统是热水供水管敷设在配水管网的上部，回水干管敷设在配水管网的下部，由立管向下供给系统所需热水，也称为上供下回式系统，如图 4-11 所示。

下行上给式系统是热水供水管敷设在配水管网的下部，回水干管敷设在配水管网的上部，由立管向上供给系统所需热水，也称为下供上回式系统，如图 4-12 所示。

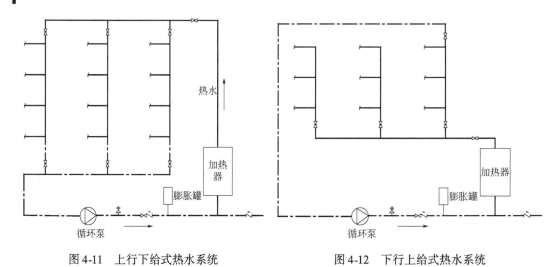

图 4-11　上行下给式热水系统　　　　　图 4-12　下行上给式热水系统

4.2　建筑热水平面图

4.2.1　建筑热水平面图的组成

建筑热水平面图一般由设计说明、平面图、系统图等组成。

（1）设计说明　设计说明主要是对工程概况进行简述，如热源情况、热水温度、热水循环方式、图别、图例等。设计说明中一般对冷水系统进行简单说明，重点在于对于图例的介绍。

（2）平面图　平面图主要表示热水管道及其设备在平面中的布置，包括热源、加热器、循环泵和管道的平面布置情况。

（3）系统图　系统图在本章 4.3.1 中会进行详细阐述。

4.2.2　建筑热水平面图的识读

以某宾馆卫生间热水平面图（图 4-13）和某换热站平面图（图 4-14）进行识读。

图例

名称	图例		名称	图例	
热水供水管	━━RG━━	○RGL—	止回阀		
热水回水管	━━RH━━	○RHL—	温度计、压力表		
洗脸盆			软连接		
阀门			安全阀		

图 4-13　某卫生间热水平面图

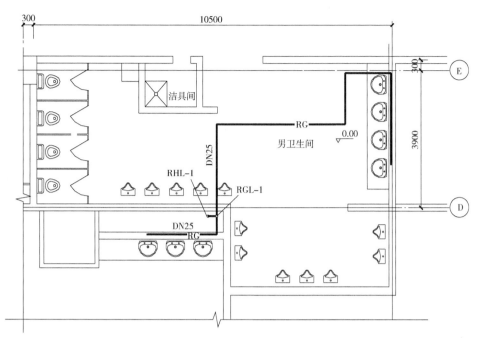

图 4-13　某卫生间热水平面图（续）

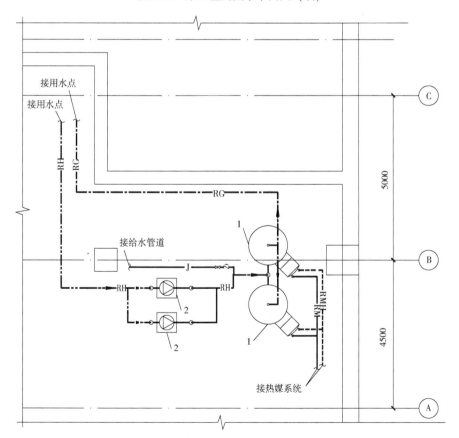

图 4-14　某换热站平面图

1—换热器　2—热水循环泵

图 4-13 中的卫生间有洗脸盆、坐便器、小便器，只有右上部分和左下部分洗脸盆需要供给热水，其他卫生器具不需要考虑热水管道的布置，热水供水管 RGL-1 和热水回水管 RHL-1 位于管井内，热水供水横干管管径为 DN25。

换热站平面图属于第一循环系统，机房内有 2 台换热器，2 台热水循环泵，加热器出水供给用水点，用水点回水经过循环泵回到换热器继续加热供出。

4.3　建筑热水系统图

热水系统图主要针对平面图中管道存在交叉遮挡时，可对热水管道及其设备在空间的位置进行展现。热水系统一般包括热水管道的管径、标高、循环方式等。

4.3.1　热水系统图

为了让读者更好地理解热水系统图，选用图 4-13 中的某卫生间平面图和图 4-14 某换热站平面图对应的系统图来进行识读。图 4-15 系统图与图 4-13 平面图对应，图 4-16 某换热站系统图与图 4-14 平面图相对应。

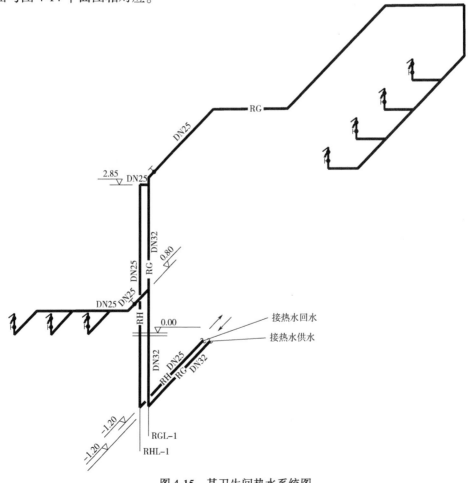

图 4-15　某卫生间热水系统图

由图 4-15 可知，该热水系统属于立管循环方式，热水供水从标高为 −1.2m 的高度引入，供水立管 RGL-1 管径为 DN32，洗脸盆供水干管管径为 DN25，热水回水经过管径为 DN25 的回水立管 RHL-1 输送至加热器。此热水系统适用于对热水要求较高的建筑场所。

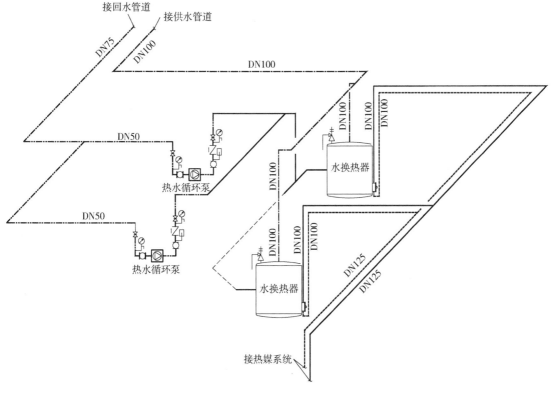

图 4-16　某换热站系统图

由图 4-16 可知，该热水系统属于闭式系统，包括水加热器、热水循环泵以及相关阀件等。水加热器设置安全阀，单台热水器的热媒进水管和回水管管径均为 DN100，热水出水管管径为 DN100，通过供水管道供给各用水点，热水回水通过热水循环泵回至水加热器中，循环泵进水管设置阀门、压力表、软连接，出水设置软连接、温度计、压力表以及阀门。

4.3.2　总结

1）识读建筑热水图样时，按照从"热源—加热器—热水供应干管—热水供应立管—用水点—回水管道—循环泵"的顺序。

2）热水系统区别于冷水系统，热水系统有供水管道和回水管道，是一个循环管路。

3）热水系统中图例和给水排水图例不同，熟练掌握图例的表达内容有助于更好地识读热水图样。

4）平面图和系统图相结合识读热水图，先看平面图，再找系统图相应的立管和设备。

4.4 高层建筑热水施工图

高层建筑冷水分区的目的是避免过高的供水压力造成不必要的水浪费和防止损坏给水配件。高层建筑热水系统和冷水系统竖向分区应一致，保证系统内冷、热水的压力平衡，达到节水、节能的目的。各区的水加热器应分开设置，进水应由相应分区的给水系统设专管供应，保证热水系统压力的相对稳定。

4.4.1 高层建筑热水平面图

识读高层建筑热水平面图时，应弄清热水系统的分区，再按照从"热源—加热器—热水供应干管—热水供应立管—用水点—回水管道—循环泵"的顺序，平面图和原理图结合进行识读。图 4-17 和图 4-18 以某高层建筑为例进行识读高层热水图样。

4.4.2 高层建筑热水原理图

1）平面图图 4-17 和原理图图 4-18 结合可以看出，此高层建筑热水主要供给 3F～13F，其中 3F～7F 主要供给公寓热水，为低区热水系统，8F～13F 供给包间热水，为高区热水系统，热水系统采用半循环系统，且同程布置，有利于热水系统的循环。

2）高区和低区的热水供应方式相同，仅末端用水点和管道敷设标高有所区别，高区（低区）部分的热水供水管敷设在 7（13）层，回水管敷设在 2（7）层。

3）高区（低区）热水系统的热源为 2 台高区（低区）换热器，单台热媒的供、回水管均为 DN100，热水出水管为 DN80，热水总出水管为 DN100，接至高区（低区）供水总立管 RGL-0（RGL-0'），并分配至 5 根热水立管 RGL-1、RGL-2、RGL-3、RGL-4、RGL-5，分别向下供给 8F～13F 的包间（2F～7F 的公寓），各层支管管径为 DN25（DN32），通过管径为 DN50 回水干管和 RHL-0（RHL-0'）回水立管循环至高区（低区）热水器中，高区（低区）热水循环泵采用一用一备。

4）管道最高点设置排气阀，热水横干管的坡度为 0.003，第二循环系统回水管上设置了止回阀。

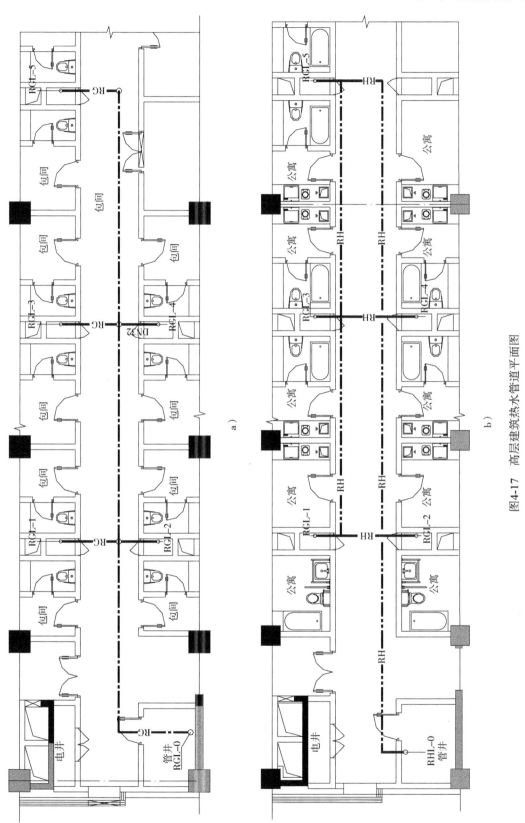

图4-17 高层建筑热水管道平面图

a）热水供水管道平面图 b）热水回水管道平面图

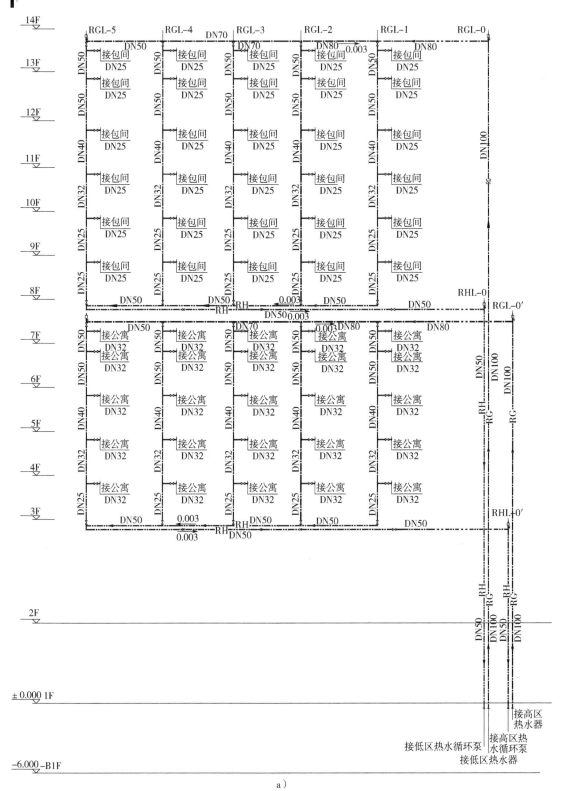

图 4-18　高层建筑热水原理图

a）热水管道原理图

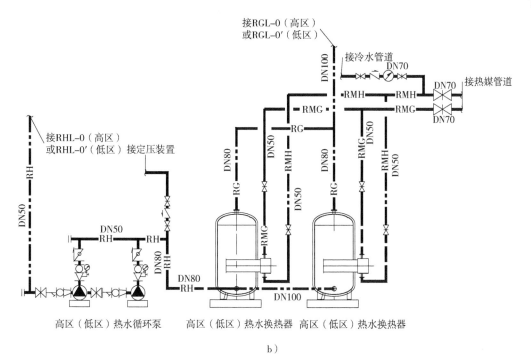

b）

图 4-18 高层建筑热水原理图（续）

b）热水机房原理图

第5章 建筑排水施工图

识读建筑排水施工图，除了掌握排水系统的分类和组成，还应该根据图样识别管材、图例等，结合平面图和系统图识读图样，掌握识读排水施工图的特点，总结识读图的技巧，在实际工程中予以运用。

5.1 建筑排水平面图

5.1.1 排水系统的分类

1）建筑排水合流制，即污废合流，指的是生活污水与生活废水、生产污水与生产废水采用同一套排水管道系统排放，或污水、废水在建筑物内汇合后采用同一排水干管排至室外。

2）建筑排水分流制，即污废分流，指的是生活污水与生活废水、生产污水与生产废水分别设置独立的管道系统，生活污水、生活废水、生产污水、生产废水分别排水。

3）建筑物下列情况宜采用生活污水与生活废水分流的排水系统。

①建筑物使用性质对卫生标准要求较高。

②生活废水量大，且环卫部门要求生活污水需经化粪池处理后才能进入城镇排水管道。

③生活废水需回收利用。

5.1.2 排水系统的组成

建筑排水指的是建筑内的卫生洁具使用后的水经过排水管道，再经过适当处理排放至室外检查井，进而排放到市政排水管道中。建筑内部排水系统一般由卫生器具、排水横支管、排水立管、通气管、清通设备和排出管等部分组成，如图 5-1 所示。

1）卫生器具。卫生器具是排水系统的起点，包括洗脸盆、浴盆、坐便器、小便器、洗涤盆等。污水从卫生器具经存水弯排至排水横支管。

2）排水横支管。排水横支管是将各个卫生器具排水支管接纳来的污水排至立管，横管具有一定的坡度，最小管径为 50mm，坐便器的最小管径为 100mm。

3）排水立管。排水立管指的是建筑物的顶层到底层排水干管的垂直管段。

4）通气管。通气管有伸顶通气管或者专用通气管，设置目的是为了使排水系统内空气流通，稳定压力，防止水封破坏，阻止管道中的有害气体进入室内。

5）清通设备。消通设备通常有检查口和清扫口，用以检查和疏通。检查口设置在排水立管上，距离地面一般为 1.0m，清扫口设置在较长横管顶端。

6）排出管。排出管用来连接排水立管和室外检查井。

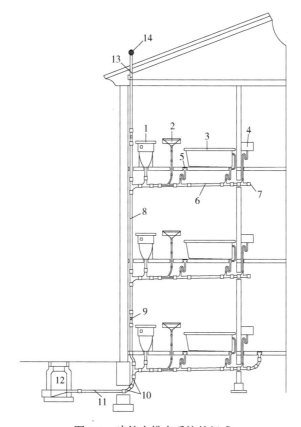

图 5-1　建筑内排水系统的组成

1—坐便器　2—洗脸盆　3—浴盆　4—洗涤盆　5—地漏　6—排水横支管　7—清扫口
8—排水立管　9—检查口　10—45°弯头　11—排出管　12—检查井　13—通气管　14—通气帽

  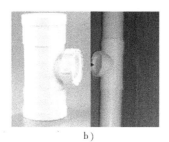

a ）　　　　　　　　　　　　　　　　　　　b ）

图 5-2　清通设备

a ）清扫口　b ）检查口

5.1.3　排水管道的布置

1 ）建筑内排水管道自卫生器具至排出管的距离应最短，管道转弯应最少，使得排水能更快地被排除。

2 ）排水立管宜靠近排水量最大的排水点，不得穿越卧室。

3 ）为了改善管道内水力条件，避免管道堵塞，室内管道的连接应符合：

①卫生器具排水管与排水横支管垂直连接，宜采用90°斜三通。

②排水管道的横管与立管连接，宜采用45°斜三通或45°斜四通和顺水三通或顺水四通。

③排水立管与排出管端部的连接，宜采用两个45°弯头。

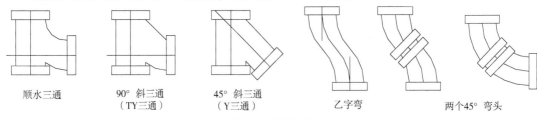

顺水三通　　　　90°斜三通　　　　45°斜三通　　　　　　　　　　乙字弯　　　　　　　　　两个45°弯头
　　　　　　　　（TY三通）　　　　（Y三通）

图5-3　管件图

5.1.4　建筑排水平面图的识读

排水图样一般由设计总说明（包括图纸目录、文字说明、图例等）、一层排水平面图、标准层排水平面图、顶层排水平面图组成。以某六层住宅为例进行识读方法介绍。

1. 设计总说明

设计总说明（图5-4）一般包括图纸目录、文字部分和图例，是图样的重要组成部分，识读图样之前，应仔细阅读设计总说明，对识读图样有着重要的指导意义。

1）图纸目录一般在所有建筑排水施工图的最前面，不编入图纸的序号。其中包括建设单位、项目名称、设计单位的设计号、页数、图纸序号、图别、图号、图纸名称、图纸规格、是否为新图等。图纸目录可以让读者快速定位图纸。

2）文字部分主要介绍了工程概况、设计范围、设计指导依据、污水系统以及施工中注意事项。

设计说明

一、设计依据
1. 已批准的初步设计文件。
2. 建设单位提供的本工程有关资料和设计任务书。
3. 建筑和有关工种提供的作业图和有关资料。
4. 国家现行有关给水、排水、消防和卫生等设计规范及规程。
二、设计范围
室内给水排水系统。
三、工程概况
1. 本建筑为普通住宅，共6层。
2. 本工程总建筑面积为3875.14m²，建筑高度：18.80m。
四、管道系统
1）本工程污废水采用合流制，室内一层及以上污废水重力自流排入室外污水管道。
2）污水经化粪池处理后，排入市政污水管。
3）住宅卫生间及厨房采用伸顶通气，底层污水单独排出。
4）污水立管采用UPVC螺旋消声管，排水横干管及横支管采用优质UPVC塑料排水管，粘接。
5）排水坡度。
塑料排水管坡度未标注者：$d50 \rightarrow i=0.025$；$d75 \rightarrow i=0.015$；$d110 \rightarrow i=0.012$
　　　　　　　　　　$d125 \rightarrow i=0.010$；$d160 \rightarrow i=0.007$；$d200 \rightarrow i=0.005$。
6）排水立管及水平干管做通球试验，埋地部分在隐蔽前做灌水试验。
五、其他
1. 管道穿伸室内剪力墙处预埋钢套管。根据选定的卫生洁具样本及标准图预留洁具孔洞，施工中请密切配合土建等专业做好楼板、墙体处留洞。
2. 采用节水型卫生器具，地漏采用防反溢地漏，存水弯及地漏水封深度≥50mm。
坐便器一次冲洗量不大于6L/s；排水检查口距地1.0m；严禁采用钟罩式地漏。
3. 本图尺寸除标高以米计外，其他均以毫米计。

a）

图5-4　某住宅设计总说明

a）文字部分

图例

图例	名称	图例	名称
——W—— ⊥ WL-	生活污水管 立管	⌐⌐	洗脸盆
↑	通气帽	▭ ♀	低水箱坐便器
⊖ ▽	地漏	▭	洗涤盆
◎ ⊤	清扫口	▭	浴缸
⊢	立管检查口	⊠	淋浴房
		▭	洗衣机

b）

图纸目录

建设单位：###

项目：###   设计号：###   第 1 页

序号	版本	图别	图号	图纸名称	图幅	新图/修改图/补充图
1	1	水施	00	图纸目录	A4	新图
2	1	水施	01	设计说明	A1	新图
3	1	水施	02	一层给水排水平面图	A1	新图
4	1	水施	03	三~五层给水排水平面图	A1	新图
5	1	水施	04	六层给水排水平面图	A1	新图

c）

图 5-4　某住宅设计总说明（续）

b）图例　c）图纸目录

3）图例是对建筑图中所用的各种符号或者线型所代表内容进行说明，如"W—"为污水排出管，当建筑物的排水出口数量多于 1 个时，用数字进行编号，便于识图，"WL—"为污水立管，当污水立管数量多于 1 个时，用"WL—阿拉伯数字"进行编号，"WL—1"和"WL—2"代表第 1 根污水立管和第 2 根污水立管。

2. 一层平面图

排水平面图是在建筑平面布置的基础上，根据规范相应规定绘制的反映排水设备、管道的平面布置状况。排水平面图是假想通过水平剖开一栋房屋的门窗洞口（移走房屋的上半部分），将切面以下部分（包括排水管道、卫生器具等）向下投影，所得的水平剖面图。

建筑排水平面图既表示建筑物在水平方向各部分之间的组合关系，又反映管道、卫生器具等具体内容。常用比例是 1∶100 和 1∶50。

排水平面图主要内容：

1）平面中管道的敷设位置，管径，排出管管道中心的定位尺寸。

2）管道立管编号应该按照图面上从左到右的顺序进行编号，不同楼层的立管编号应该一致。

3）管道布置相同的楼层可绘制一个楼层平面图，一般称为标准层平面图。

4）各楼层地面应以相对标高标注，与建筑专业应一致。

识读排水平面图（图 5-5）时，按照从起点到终点的顺序，立管编号从左到右的顺序：

1）此单元有两户型 A 和 B，每户各有一个卫生间和厨房，A 户型一层卫生间和厨房单独排放，通过距离 4 轴 1400mm 的管径为 DN100 排水横管接人室外 2 号污水井中，WL-1（编号为 1 的污水立管）和 WL-2（编号为 2 的污水立管）在一层汇合后，通过距离 4 轴 1000mm 的排出管接人室外 1 号污水井中，在转弯处设置清扫口。

2）B 户型的一层卫生间和厨房分别位于 8 轴和 9 轴、C 轴和 F 轴之间，和 A 户型排放方式相同，采用底层单独排放，卫生间处设置清扫口，排出管管径为 DN100，距离 10 轴线

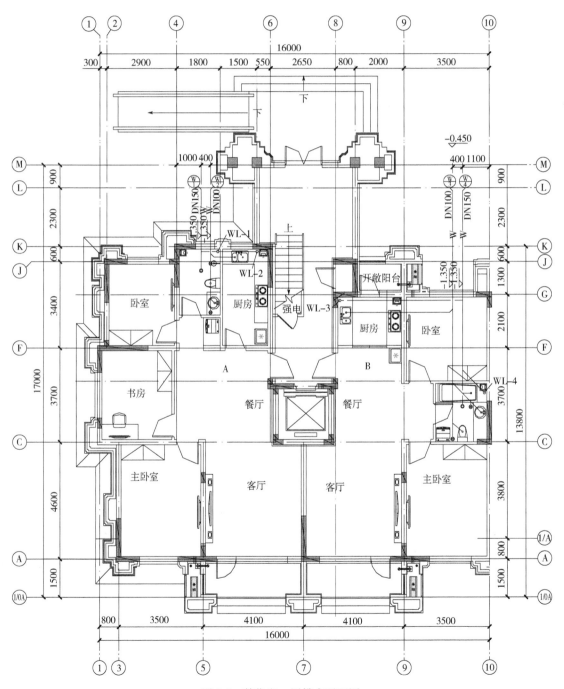

图 5-5　某住宅一层排水平面图

1400mm，接入到室外3号污水井中，WL-3（编号为3的污水立管）和WL-4（编号为4的污水立管）排放原理和WL-1、WL-2类似，通过底部管径为DN150的排出管汇入到室外4号污水井中。

3）排出管标高均为 −1.35m，室内外高差为0.45m。

3. 标准层平面图

管道布置相同的楼层可绘制一个楼层平面图，一般称为标准层平面图。如图5-6所示，此住宅2F~5F管道布置相同，所以可用一张图样来表示。

通过标准排水平面图可以识别，WL-1排水立管用来容纳A户型卫生间中的1个洗脸

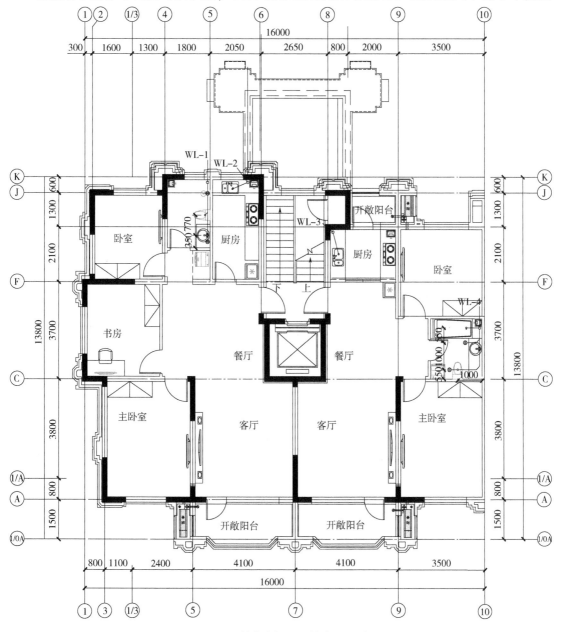

图5-6 某住宅标准层排水平面图

盆、1 个坐便器、1 个淋浴器的排水，WL-2 排水立管用来容纳 A 户型厨房中洗涤盆的排水，WL-3 排水立管用来容纳 B 户型卫生间中的 1 个坐便器、1 个洗脸盆、1 个浴盆的排水，WL-4 排水立管用来容纳 B 户型厨房中洗涤盆的排水。

4. 顶层平面图

最顶层的建筑平面与标准层平面有一些差别，其主要表现在：楼梯的不同，楼梯不再向上；造型上的不同，可能顶层在建筑平面布置上不同；构造上的不同，因为可能有露台。有一些建筑，顶层的层高也不同。所以顶层排水平面图要和标准层平面图分别绘制。

对于此住宅顶层平面图（图 5-7），A 户型的卫生间布置发生了变化，卫生器具整体向左偏移，排水管道随之发生改变，横干管也向左偏移，WL-1 立管位置不变，其他污水立管和污水干管没有发生变化。

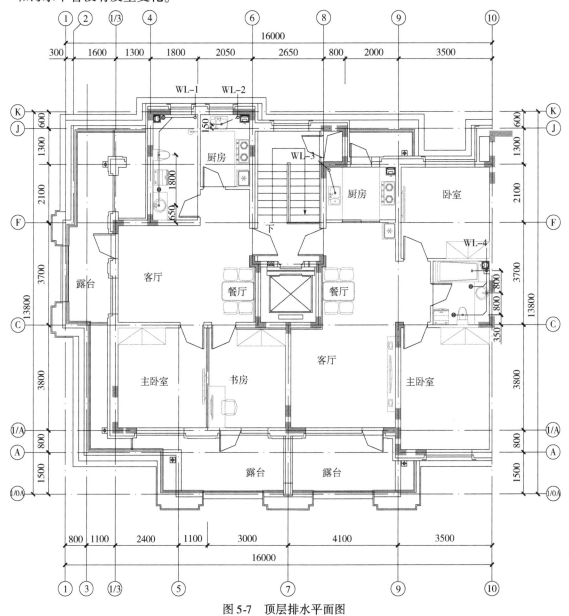

图 5-7　顶层排水平面图

5.2　建筑排水系统图

　　排水平面图是对室内排水设备及其排水管道的体现，但是由于管道系统往往存在重叠交叉部分，仅靠平面图无法完整清楚地表达，因此需要排水系统图来反映管道空间上的变化。

　　排水系统图主要内容：

　　1）排水管道管径、标高、坡度，包括室内外平面高差，排水横管的坡度。

　　2）重要管件的标注，如排水立管检查口、顶部通气帽的高度。

　　3）立管的编号，楼层标高、层数、排水系统的编号。

　　4）排出管穿外墙的位置。

　　5）排水系统图，编号一般以左端为起点，按顺时针方向按照排水立管位置进行编号。管道标号与平面图保持一致。

5.2.1　住宅排水系统图的识读

　　识读排水系统图时，注意熟练掌握相关图例符号代表的内容，按照从起点到终点，即"卫生器具—排水横管—排水立管—排出管"的顺序进行，逐步弄清排水管道的管径、走向、标高、通气系统形式等。为了更好地理解排水图样的识读，图 5-8 的排水系统图与图 5-5 和图 5-6 的排水平面图为同一工程，上下呼应。

　　根据排水系统图 5-8 的 a 和 b 图样，配合相应的平面图可知：

　　1）卫生间和厨房的立管分别设置，WL-1 立管接纳的是 2 层以上卫生间的排水，2 层到4 层的排水支管图和 5 层相同，各层的排水横管均敷设在该层楼板之下，也就是下层的顶棚处。WL-2 立管承接的是 2 层以上厨房的排水，和卫生间排水支管有所区别，厨房排水支管距离该层地面以上 100mm，2 根立管汇合到 1 根 DN150 的排出管，在 K 轴线处穿越外墙排到 1 号室外检查井中。

　　2）一层 A 户的卫生间和厨房的排水单独排放，洗涤盆和洗脸盆设有存水弯，总横干管的管径为 DN100，在 K 轴处穿外墙排到 2 号室外检查井，一层 B 户型的卫生间和厨房的排水也单独排放，在 G 轴处穿越外墙排到 3 号室外检查井中。

　　3）WL-3 和 WL-4 排水原理与 WL-1 和 WL-2 类似，这里不做赘述。

　　4）排水立管顶部通气帽高出屋面 700mm，1 层和 6 层设置的立管检查口距该层地面距离为 1000mm，住宅层高为 2.9m，室内外高差为 0.45m，排出管敷设深度为室外地坪下0.9m，相对标高为（0.9 + 0.45）m，所以标高为 1.35m。

5.2.2　公共建筑排水系统图的识读

　　不同类型的图纸表达方式有所区别，以图 5-10 公共建筑的公共卫生间为例，结合平面图和系统图来识读图样。

　　不同设计单位在绘制图样时，可能会用不同的图例表达相同的内容，公共建筑的地漏和清扫口图例和上一节的图例有所区别，如图 5-9 所示。

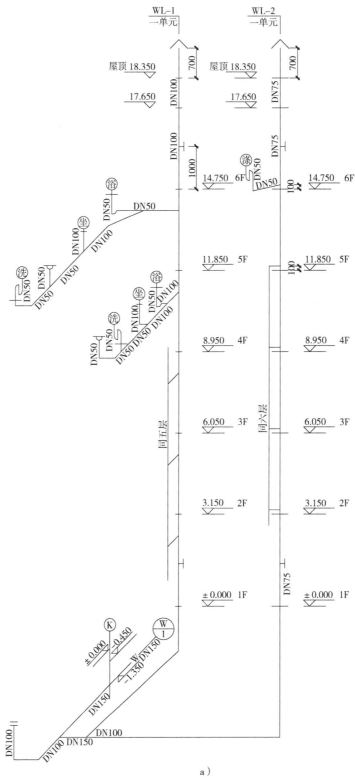

图 5-8　排水系统图

a) 排水立管系统图

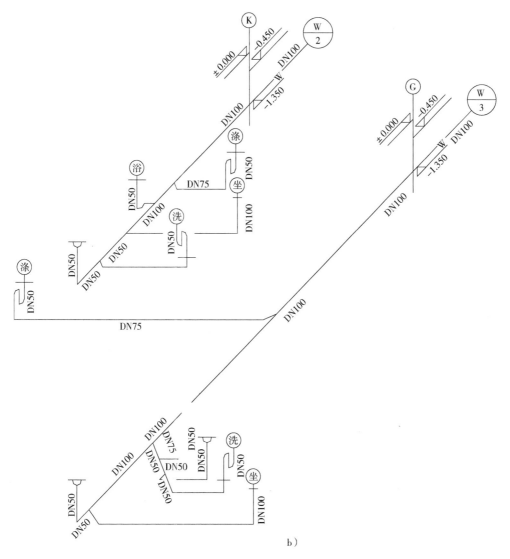

b)

图 5-8 排水系统图（续）

b）底层单排水系统图

图例

名称	图例	名称	图例
生活排水管	– – – – –	坐便器	Ⅰ◎ 坐
蹲式大便器	◻ 蹲	地漏	◎ ⊤
洗脸盆	⬭ 脸	清扫口	◉ ⊤
小便器	小		

图 5-9 公共卫生间图例

从图 5-10 中的平面图和系统图可以看出：

1）由平面图 5-10a 可知有 2 个卫生间、上方卫生间有 5 个小便器、1 个坐便器、3 个蹲便器、4 个洗脸盆，女卫生间有 1 个坐便器、4 个蹲便器，3 个洗脸盆，母婴室中有 1 个坐便器、1 个洗脸盆，盥洗间有 1 个洗脸盆。各卫生器具安装有排水管，2 个卫生间中的 3 个排水支路汇合成 1 根干管，卫生间内设有清扫口和地漏，位于洗脸盆和坐便器附近，盥洗间和母婴室内设有地漏。

2）由系统图 5-10b 可知，小便器的管径为 DN75，坡度为 0.025，起点标高为 0.33m，排水横管在 15 轴附近返至楼板下 0.25m，坐便器的管径为 DN100，坡度为 0.020，洗脸盆管径为 DN50，坡度为 0.035，最后 3 支横干管接至图别为水施，图号为 06 的图样中。

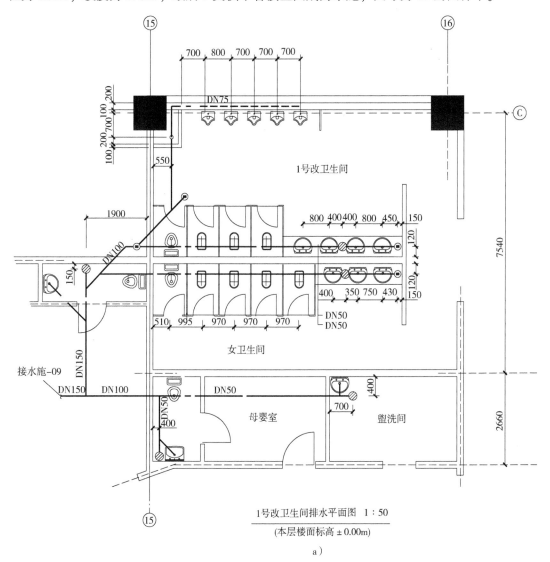

1号改卫生间排水平面图 1：50

（本层楼面标高 ± 0.00m）

a）

图 5-10 公共卫生间排水图样

a）卫生间排水平面图

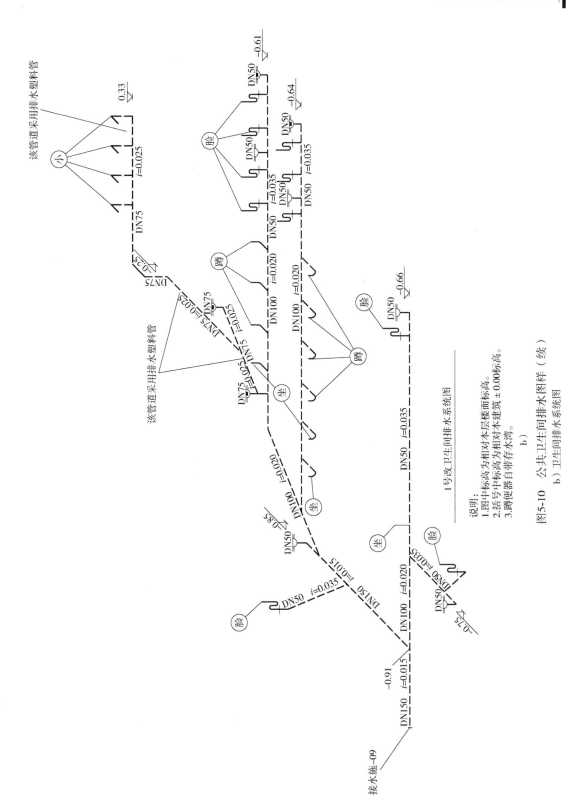

说明：
1.图中标高为相对本层楼面标高。
2.括号中标高为相对本建筑±0.00标高。
3.蹲便器自带存水弯。

图5-10 公共卫生间排水图样（续）
b）卫生间排水系统图

5.2.3　总结

对于排水图样的识读应注意：

1）识读建筑排水施工图时，遵循从起点到终点，立管编号从小到大的顺序。

2）平面图和系统图结合识读，先看平面图，对照平面图中的编号查找系统图。

3）识读排水图时，如果没有特殊说明，绘制在本层的排水管道是为本层卫生器具排水的污水管，而实际敷设位置在下一层的吊顶内。

4）设计总说明很关键，熟悉图例和图号可以帮助快速识读图样。

5）对于某层卫生器具布置情况完全相同的平面图，在系统图中仅绘制一个有代表性的楼层的排水支管图，其他各层注明同该层。

5.3　屋面雨水施工图

建筑雨水排水系统是建筑排水系统的重要组成部分，它的任务是及时排除降落在建筑物屋面的雨水、雪水，避免形成屋顶积水，以保证人们正常生活和生产活动。雨水和生活、生产污水有所区别，主要体现在：

1）雨水量的不确定性，可瞬时产生大量雨水，为减少屋面承载和渗漏，需要迅速、及时将屋面雨水排至室外雨水系统。

2）降雨初期雨水污染程度较高，降雨后期污染程度较轻的雨水可以回用或者直接排放到水体中。

5.3.1　雨水的分类和组成

屋面雨水系统按照管道的设置位置不同可分为外排水系统和内排水系统。

1）外排水系统指的是建筑物内部没有雨水管道的雨水排水系统。雨水降落到屋面上，屋面雨水汇集到屋顶的檐沟或者天沟内，经过设置在墙外的雨水立管排至室外，如图 5-11 所示。外排水系统一般适用于屋面面积较小、长度不超过 100m 的建筑物。

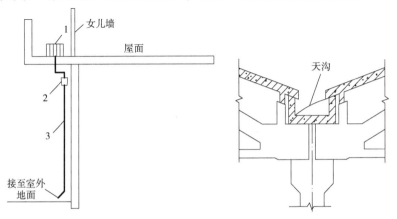

图 5-11　雨水外排水系统

1—雨水斗　2—承雨斗　3—雨水立管

2）内排水系统指的是屋面设有雨水斗，建筑物内部设有雨水管道的雨水排水系统。一般适用于屋面设置天沟有困难或者不适宜在室外设置雨水立管的情况。内排水系统由雨水斗、连接管、悬吊管、雨水立管、排出管和检查井组成，如图 5-12 所示。

①雨水斗是整个雨水管道系统的进水口，是一种雨水专用装置，主要作用是收集屋面上的雨、雪水；平稳水流，以减少系统的掺气；同时具有拦截较大杂物的作用。目前常用的雨水斗为 87 型雨水斗、虹吸式雨水斗等。

②连接管是连接雨水斗和悬吊管的短管，最小管径为 100mm，下段与悬吊管用 45°斜三通连接。

③悬吊管是悬吊在屋架梁下的雨水横管，悬吊管中心线与雨水斗出口的高差宜大于 1.0m，以避免造成屋面积水溢流，发生事故。重力流屋面雨水系统悬吊管管径不得小于雨水斗连接管的管径。重力流雨水排水系统中长度大于

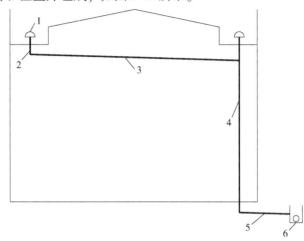

图 5-12　内排水系统
1—雨水斗　2—连接管　3—悬吊管　4—雨水立管
5—排出管　6—室外检查井

15m 的雨水悬吊管，应在便于维修操作处设检查口，重力流屋面雨水系统的悬吊管应按非满流设计，充满度不宜大于 0.8。对于一些重要的厂房，不允许室内地面冒水，不能设置埋地横管时，必须设置悬吊管。悬吊管与立管用 45°三通或者 45°四通和 90°斜三通或 90°斜四通连接。

④雨水立管是用来接纳雨水斗或悬吊管的雨水，与排出管连接。为避免只有 1 根排水立管发生故障，致使屋面排水系统瘫痪的情况出现，屋面排水立管不得少于 2 根，重力流屋面雨水排水系统中，立管管径不得小于悬吊管管径。

⑤排出管是用来连接立管和室外检查井的，其将立管的雨水输送到室外管网中，雨水排出管设计时，要留有一定的余地。

⑥检查井设在与埋地排出管连接处、管道转弯处，为防止检查井冒水，检查井深度不得小于 0.7m。检查井内接管应采用管顶平接，而且平面上水流转角不得小于 135°。

5.3.2　雨水施工图的识读

以某住宅内排水部分雨水系统为例，进行图样的识读（图 5-14）。如图 5-13 所示为该住宅雨水系统图例。

图例	
名称	图例
雨水管道　立管	━━━　　　⌒YL
雨水斗	⊕　　　　⊤

图 5-13　雨水系统图例

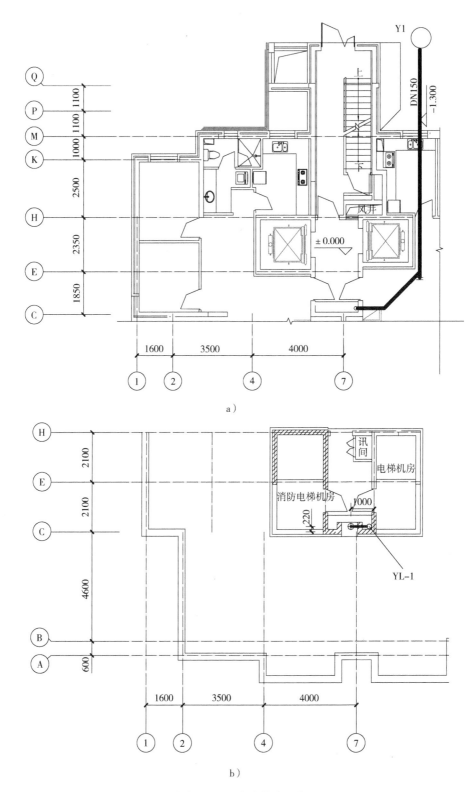

图 5-14　雨水内排水系统

a）一层雨水平面图　b）屋面雨水平面图

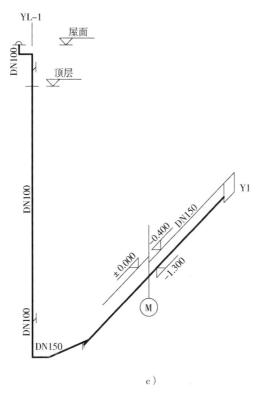

图 5-14　雨水内排水系统（续）

c）雨水系统图

1）屋面在 C 轴和 7 轴交汇处附近设置 1 个雨水斗，通过连接管排入 YL-1 雨水立管中，后经排出管穿越 M 轴处的外墙排至雨水检查井中。

2）顶层和一层设置立管检查口，排出管设置清扫装置，室内标高为 ±0.000，室内外高差为 0.400m，室外雨水管埋深为 −1.300m。

3）连接管管径为 DN100，雨水立管管径为 DN100，排出管管径为 DN150。

4）图 5-14 为住宅 1 单元的雨水排水图，2 单元雨水排水图与之基本相同，这里不做赘述。

5.4　高层建筑排水施工图

5.4.1　高层建筑排水的特点和分类

多层建筑物一般采用伸顶通气管，而 10 层及 10 层以上的高层建筑卫生间的生活污水立管需要设置通气立管，由于高层建筑层数多、楼层高，卫生器具多，多支横管与一根排水立管相连接，会瞬时产生比较大的流量，排水短时间充满整个断面，横管压力增加，迫使管内气体压力剧烈波动，导致水封破坏。为了维持排水系统正常运行，高层建筑排水系统必须解决通气问题，使得排水流畅。

建筑排水一般分为单立管排水系统和双立管排水系统，如图 5-15 所示。

1）单立管排水系统中，建筑管网排水由一根管道实现，单管实现排水和通气，一般适用于多层建筑。

2）双立管排水系统中，建筑排水由两根管道实现，一根用来排水，一根专门用来通气（也叫通气立管）。一般适用于大于等于 10 层的高层和超高层建筑。

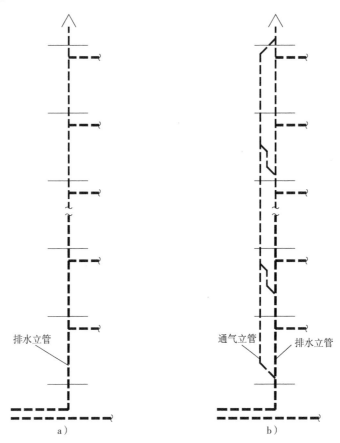

图 5-15　排水系统类型

a）单立管排水系统　b）双立管排水系统

通气管的目的是排出有害气体，平衡管内的压力，降低噪声，使得排水通畅（图 5-16）。

1）伸顶通气管，指排水立管与最上层横支管连接处向上垂直延伸至室外通气用的管道。

2）专用通气立管，指仅与排水立管连接，为排水立管内空气流通而设置的垂直通气管道。

3）结合通气管，指排水立管与通气立管的连接管段。

4）主通气立管，用于连接环形通气管和排水立管，作用是使排水横支管和排水立管内的空气流通。

5）汇合通气管，指连接数根通气立管或排水立管顶端通气的部分。

6）环形通气管，指设置在多个卫生器具的排水横管上，从最始端的两个卫生器具之间接出至主通气立管或者副通气立管的管段。

7）副通气立管，仅与环形通气管连接，目的是使得排水横支管内空气流通。

8）H管件，指连接排水立管与通气立管形状如H的专用管件。

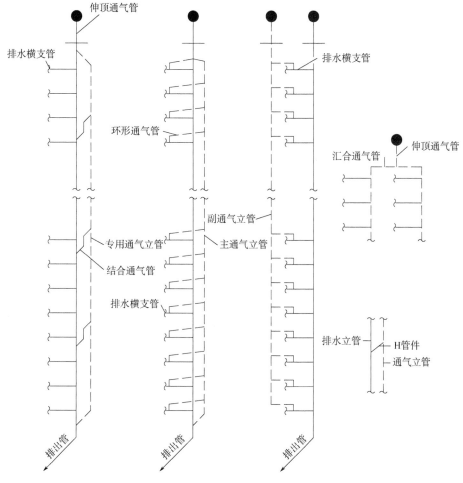

图5-16　常见的通气形式

5.4.2　高层建筑排水施工图的识读

通气管的连接及其他设置要求：

1）通气管高出屋面不得小于0.3m，且应大于最大覆雪厚度，通气管顶端应装设风帽。在经常有人停留的平屋面上，通气管口应高出屋面2m。

2）通气立管不得接纳器具污水、废水和雨水，只能作通气用。如果接纳其他排水，会减小通气断面，对排水管道造成压力波动。

3）专用通气立管的上端可在最高层卫生器具上边缘以上不小于0.15m或检查口以上与排水立管通气部分以斜三通连接，下端应在最低排水横支管以下与排水立管以斜三通连接。

4）在横支管上设环形通气管时，应在其最始端的两个卫生器具之间接出，并应在排水支管中心线以上与排水支管呈垂直或45°连接。

以某高层酒店排水图5-17来介绍识读高层建筑排水施工图的方法。

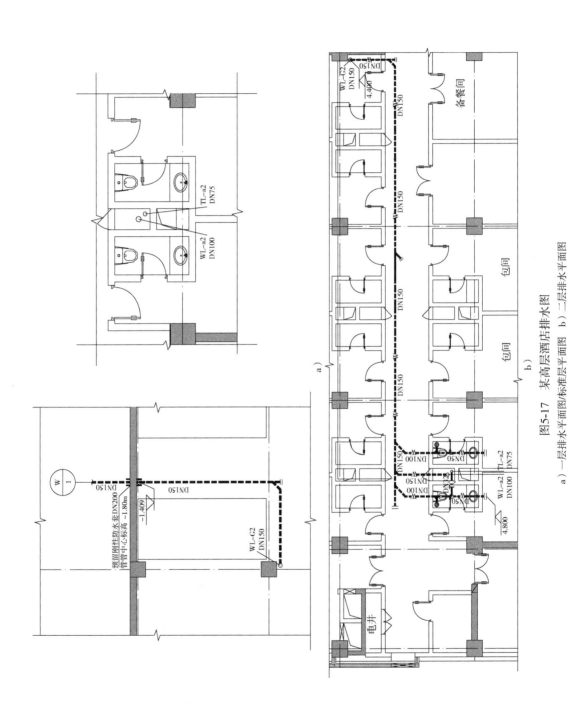

图5-17 某高层酒店排水图

a）一层排水平面图(标准层平面图 b）二层排水平面图

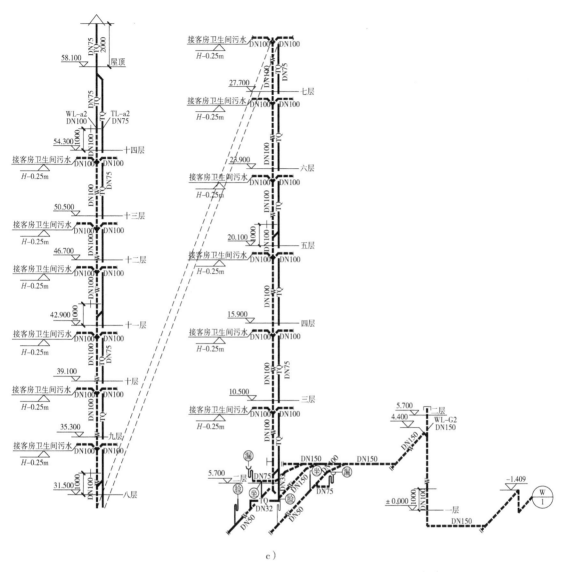

图 5-17　某高层酒店排水图（续）

c）排水系统图

1）由系统图 5-17c 可知，此建筑为 10 层以上建筑物，设有专用通气立管，此屋面经常有人停留，通气帽高于屋面 2m，2 层以上卫生间的排水横支管管径均为 DN100，均排入管径为 DN100 的 WL-a2 立管，TL-a2 通气立管管径为 DN75，由于横支管长度较长，且酒店对卫生、噪声的要求较高，所以通气立管底部与横支管上洗脸盆和坐便器之间的管道连接。

2）由二层排水平面图 5-17b 可知，二层卫生间排水为单独排放至室外，上层排水立管 WL-a2 和二层卫生间排水支管汇合至一层顶棚敷设的横干管，横干管管径为 DN150，并转到右上侧柱子附近的 WL-G2 排水立管。

3）由一层平面图 5-17a 可知，WL-G2 排水立管在穿越外墙处，从标高为 −1.409m 下返至 −1.80m 的预留刚性套管，通过排出管排至室外检查井中。

4）立管检查口距离地面高度为 1.0m，2 层以上的卫生间污水支管为该层地面以下

0.25m,通气立管和污水立管之间用 H 管件连接。

5.4.3 同层排水

传统排水管道是将排水横管布置在其下一层的顶板之下,卫生器具需要穿越楼板与排水横管连接,而当卫生间的卫生器具排水管要求不穿越楼板进入他户或者排水管道布置受规定条件限制时,传统排水已经不能满足要求,需要设置同层排水。

1. 同层排水的特点

同层排水是将排水横管敷设在排水层或排水管不穿越楼层的一种排水方式,如图 5-18所示。同层排水和传统排水有所区别,同层排水的排水管道与卫生器具同层敷设,排入排水立管,其具有以下优点:

1)由于排水管道在本层敷设,不需要穿越楼板,楼板处也没有卫生器具的排水管道预留孔,即减少了管道漏水的概率,管道的维修工作也不会干扰下层用户,不占用下层吊顶空间。

2)排水管道敷设在本层,回填后有很好的隔声效果,有效降低了排水的噪声。

但是同层排水的卫生间结构楼板需要下沉(局部)300mm 作为管道敷设的空间,同层排水的形式应根据卫生间、卫生器具布置等因素,经技术经济比较确定。

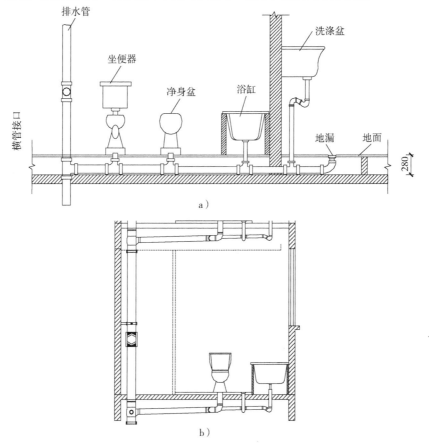

图 5-18 同层排水和传统排水

a)同层排水　b)传统排水

2. 同层排水的注意事项

1）排水通畅是同层排水的核心，排水管道的坡度要符合相关要求，不得为了减小降板高度而缩小排水横管的管径和坡度。

2）同层排水管道不能采用橡胶圈密封接口，而应采用粘接连接，避免渗漏。

3）卫生间地坪应采取可靠的防渗漏措施，如处理不当，降板的填层会造成污染。图 5-19 为某卫生间同层排水图。

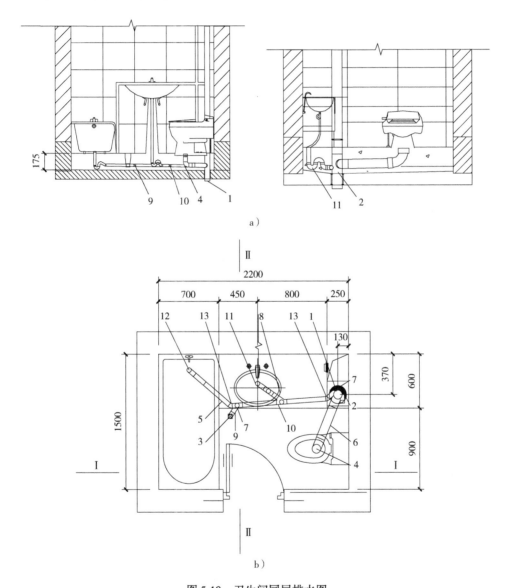

图 5-19　卫生间同层排水图

a）Ⅰ—Ⅰ剖面、Ⅱ—Ⅱ剖面图　b）卫生间排水平面图

1—积水排除装置　2—多通道接头　3—多功能地漏　4—坐便接入器

5、6—支管　7—堵头　8—清扫口（排水预留接口）　9、10—顺水三通

11、12—存水弯　13—弯头

　　此卫生间内设有浴盆、洗脸盆、坐便器，右上方为排烟风道和排水立管，排水横管敷设在本层，为了排除地面积水，同层排水采用多功能地漏，地漏应设置在洗脸盆和浴盆附近，既要满足水封深度又要有良好的水力自清流速，排水支管与横管连接采用顺水三通。排水管道连接方式为粘接。

第6章 居住小区给水排水管道施工图

6.1 居住小区给水管道施工图

6.1.1 给水系统供水方式与管道布置

居住小区给水系统的任务是从城镇给水管网（或自备水源）取水，按各建筑物对水量、水压、水质的要求，将水输送并分配到各建筑物给水引入点处。

给水系统的水量应尽量满足小区内全部用水的要求，水压应满足最不利配水点的水压要求，并应尽量利用城镇给水管网的水压直接供水。当城镇给水管网的水压、水量不足时，应设置储水调节和加压装置。居住小区给水系统主要由水源、管道系统、二次加压泵房和储水池等组成。

居住小区供水既可以是生活和消防合用一个系统，也可以是生活系统和消防系统各自独立。若居住小区中的建筑物不需要设置室内消防给水系统，火灾扑救仅靠室外消火栓或消防车时，宜采用生活和消防共用的给水系统。若居住小区中的建筑物需要设置室内消防给水系统，如高层建筑，宜将生活和消防给水系统各自独立设置。

居住小压供水方式可分为直接供水方式和分压供水方式。

1. 直接供水方式

直接供水方式就是利用城市市政给水管网的水压直接向用户供水。当城市供水要求时，应尽量采用这种市政给水管网的水压和水量能满足居住小区的供水方式。

2. 调蓄增压供水方式

当城市市政给水管网的水压和水量不足，不能满足居住小区内大多数建筑水的供水要求时，应集中设置储水调节设施和加压装置，采用调蓄增压供水方式向用户供水。

3. 分压供水方式

当居住小区内既有高层建筑又有多层建筑，建筑物高度相差较大时，应采用分压供水方式供水。这样既可以减少动力消耗，又可以避免多层建筑供水系统的压力过高。

居住小区给水管道可以分为小区给水干管、小区给水支管和接户管三类，有时，将小区给水干管和小区给水支管统称为居住小区室外给水管道。在布置小区管道时，应按干管、支管、接户管的顺序进行。为了保证小区供水可靠性，小区给水干管应布置成环状或与城市管网连成环状，与城市管网的连接管不少于两根，且当其中一条发生故障时，其余的连接管应能通过不小于70%的流量。小区给水干管宜沿用水量大的地段布置，以最短的距离向大户供水。小区给水支管和接户管一般为树枝状。

6.1.2　给水管道平面图的识读

居住小区给水管道施工图是进行施工安装、工料分析、编制施工图预算的重要依据。它主要由管道平面图、管道纵剖面图和大样图组成。

管道平面图是小区给水管道系统最基本的图形，通常采用 1:500~1:1000 的比例绘制，在管道平面图（图 6-1）上应能表达如下内容：

1）现状道路或规划道路的中心线及折点坐标。

2）管道代号、管道与道路中心线或永久性固定物间的距离、节点号、间距、管径、管道转角处坐标及管道中心线的方位角，穿越障碍物的坐标等。

3）与管道相交或相近平行的其他管道的状况及相对关系。

4）主要材料明细表及图纸说明。

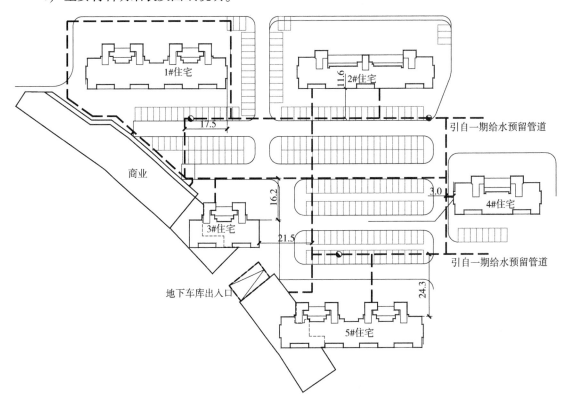

图 6-1　某居住小区给水管道平面图

6.1.3　给水管道纵剖面图的识读

小区给水管道纵剖面图可表明小区给水管道的纵向（地面线）管道的坡度、管道的技术井等构筑物的连接和埋设深度，以及与给水管道相关的各种地下管道、地沟等相对位置和标高。因此，管道纵剖面图是反映管道埋设情况的主要技术资料，一般纵向比例是横向比例的 5~20 倍（通常取 10 倍）。管道纵剖面图主要表达以下内容：

1）管道的管径、管材、管长和坡度、管道代号。

2）管道所处地面标高、管道的埋深。

3）与管道交叉的地下管线、沟槽的截面位置、标高等。

6.1.4 给水大样图

在小区给水管网设计中，当表达管道数量多，连接情况复杂或穿越铁路、河流等障碍物的重要地段时，若平面图与纵剖面图不能描述完整、清晰，则应以大样图的形式加以补充。大样图可分为节点详图、附属设施大样图、特殊管道布置大样图。

节点详图是用标准符号绘出节点上各种配件（三通、四通、弯管、异径管等）和附件（阀门、消火栓、排气阀等）的组合情况，如图 6-2 所示。

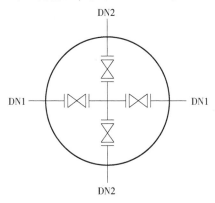

图 6-2 闸阀组合节点图

附属设施大样图，附属设施详图中管道以双线绘制，如阀门井、水表井、消火栓等附属构筑物，一般设施详图往往有统一的标准图，无须另行绘制，阀门井大样图如图 6-3 所示。

在小区给水管道节点识图时，可以将室外给水管道节点图与室外给水平面图中相应的给水管道图对照着看，或由第一个节点开始，顺次看至最后一个节点止。

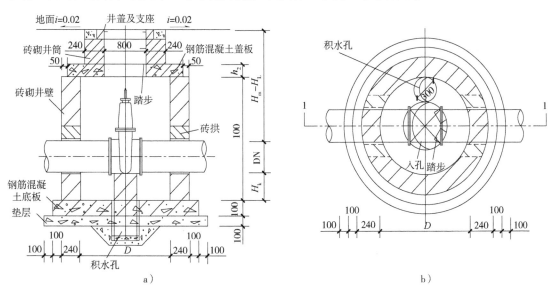

图 6-3 砖砌圆形立式闸阀井

a）1—1 剖面图 b）平面图

6.2 居住小区排水管道施工图

6.2.1 排水体制及管道的布置

居住小区排水系统的任务是将小区建筑物中产生的污废水及雨水及时排放到市政污水（雨水）管道中。

居住小区排水体制分为分流制和合流制，采用哪种排水体制，主要取决于城市排水体制和环境保护要求。同时，也与居住小区是新区建设还是旧区改造以及建筑内部排水体制有关。新建小区一般应采用雨污分流制，以减少对水体和环境的污染。居住小区内需设置中水系统时，为简化中水处理工艺，节省投资和日常运行费用，还应将生活污水和生活废水分质分流。当居住小区设置化粪池时，为减小化粪池容积也应将污水和废水分流，生活污水进入化粪池，生活废水直接排入城市排水管网、水体或中水处理站。

小区排水工程图主要包括排水系统总平面图、小区排水管道平面布置图、管道纵断面图和详图。排水管道平面布置图和纵断面图是排水管道设计的主要图样。

居住小区排水管道的布置应根据小区总体规划、道路和建筑物布置、地形标高、污水、废水和雨水的去向等实际情况，按照管线短、埋深小、尽量自流排出的原则确定。居住小区排水管道的布置应符合下列要求：

1）排水管道宜沿道路或建筑物平行敷设，尽量减少转弯以及与其他管线的交叉，如不可避免时，与其他管线的水平和垂直最小距离应符合规范的相关要求。

2）干管应靠近主要排水建筑物，并布置在连接支管较多的一侧。

3）排水管道应尽量布置在道路外侧的人行道或草地的下面，不允许平行布置在铁路的下面和乔木的下面。

4）排水管道应尽量远离生活饮用水给水管道，避免生活饮用水遭受污染。

5）排水管道与其他地下管线及乔木之间的最小水平、垂直净距应符合规范的相关要求。

6）排水管道与建筑物基础间的最小水平净距与管道的埋设深浅有关，但管道埋深浅于建筑物基础时，最小水平净距不小于 1.5m；否则，最小水平间距不小于 2.5m。

6.2.2 排水系统总平面布置图的图示内容

小区排水系统总平面布置图，用来表示一个小区的排水系统的组成及管道布置情况，如图 6-4 所示。

图示内容：

1）小区建筑总平面，图中应标明室外地形标高，道路、桥梁及建筑物底层室内地坪标高等。

2）小区排水管网干管布置位置等。

3）各段排水管道的管径、管长、检查井编号及标高、化粪池位置等。

6.2.3 排水系统总平面布置图的识读

小区排水管道平面图是管道设计的主要图样，根据设计阶段的不同，图样表现深度也有

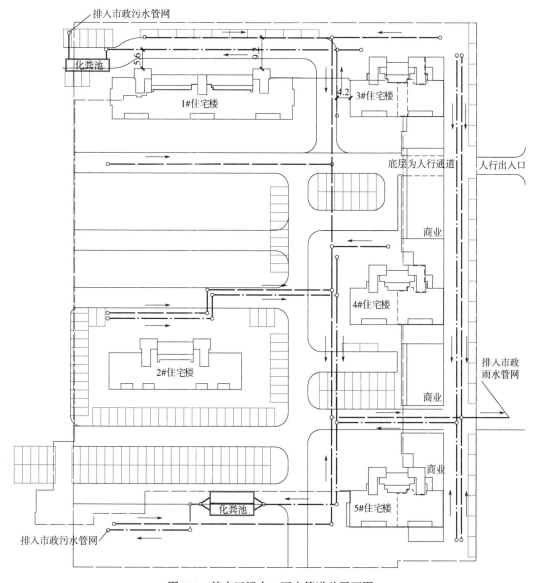

图 6-4 某小区污水、雨水管道总平面图

所不同。施工图阶段排水管道平面图一般要求比例尺为 1：1000 ～ 1：1500，图上标明地形、地物、河流、风玫瑰或指北针等。在管线上画出设计管段起终点的检查井，并编上号码，标明检查井的准确位置、高程，以及居住区街坊连接管或工厂废水排出管接入污水干管管线主干管的准确位置和高程。图上还应标有图例和施工说明。

图 6-4 为某小区污水、雨水管道平面图。其中点划线为污水管道，虚线为雨水管道。污水管道在小区西北方向和西南方向分别有一出水口，污水经化粪池排入市政污水管道；雨水管道在园区南部排入市政雨水管道。污水、雨水管道在园区内基本并行铺设。图中示意性箭头表示管道中水流的流向。

污水管道分两个分支，北部分支系统较小，仅输送 1 号楼和 3 号楼的污废水。其他住宅楼及商业建筑中的污废水由南侧分支污水管道输送排放。

雨水管道将园区中地面径流和屋顶产生的雨水收集，通过各分支管道汇合至园区南侧总出水管排放。

6.2.4 排水管道平面图的识读

排水管道平面图是排水管道设计的主要图样，如图6-5所示。

1. 污水管道平面图的识读

图6-5中的污水管道将B-16住宅中的污水排放到市政下水道中。管道系统包括新建污水管道及雨水管道，这两种管道分别接入市政污、雨水管道。本图反映了污水管道的平面布置情况。

污水管道北侧与建筑物B-16平行布置，在检查井W158和检查井W159之间与雨水管道有交叉，雨水管道管内底标高为47.314m，管径为DN400，污水管道纵断面图显示该污水管道在雨水管道的下方。污水管道主干管为W149至W159。

出户管连接检查井距建筑物外墙为4m。

检查井W149～W156之间的管道管径均为DN300，采用的坡度均为0.02。检查井W149～W156管段长度为90.2m，检查井W153～W154管段有一个向北的偏转，管段长为9.6m。检查井W155～W156又向东南向有一偏转，管段长为3.9m。

检查井W156～W159管径为DN300，采用的坡度均为0.3。检查井W157距建筑物B-16的定位尺寸为右侧边墙18.8m，检查井W158距离为15m。

2. 雨水管道平面图的识读

图6-6为小区雨水管道平面布置图。雨水管道分别与建筑物B-7和B-8平行布置。雨水管道主干管为Y76至Y84，Y86至Y83为分支管。

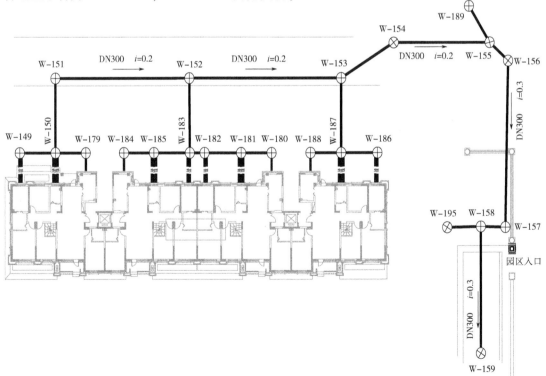

图6-5 小区污水管道平面布置图

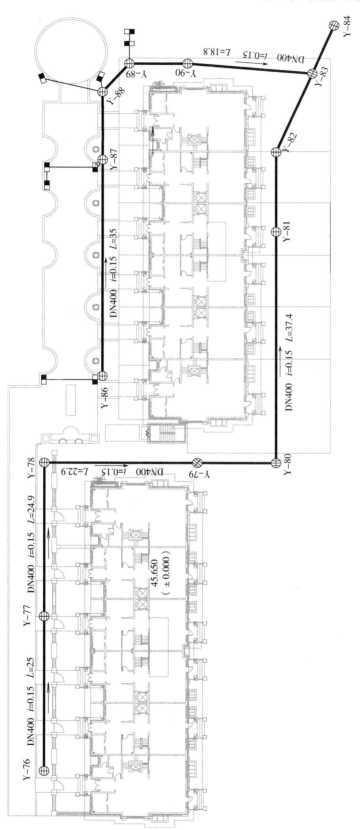

图6-6　小区雨水管道平面布置图

检查井 Y76 的定位尺寸，与永久性建筑物 B-7 北侧外墙为 6.9m。检查井 Y76～Y83 之间的管道管径均为 DN400，采用的坡度均为 0.15。检查井 Y76～Y83 管段长度为 148.7m，检查井 Y78～Y80 管段有一个向正南的偏转，管段长 34.7m，检查井 Y78 距建筑物 B-7 右侧定位尺寸为 3.8m。检查井 Y80～Y82 又向东侧有一偏转，管段长 50.3m。检查井 Y82～Y84 又向东南侧有一偏转，管段长为 22.3m。

检查井 Y83～Y84 管径为 DN600，采用的坡度均为 0.1，各长为 8.5m。检查井 Y80 距建筑物 B-8 的定位尺寸为南侧边墙 4.6m。

6.2.5 排水管道纵断面图的识读

排水管道纵断面图是排水管道设计的主要图样之一。排水管道断面图分为排水管道纵断面图和排水管道横断面图两种。其中，常用排水管道纵断面图。室外排水管道纵断面图是室外排水工程图中的重要图样，它主要反映室外排水平面图中某条管道在沿线方向的标高变化、地面起伏、坡度、坡向、管径和管基等情况。这里仅介绍室外排水管道纵断面图的识读。

施工图阶段排水管道纵断面图一般要求水平方向的比例尺为 1:50～1:100。纵断面图上应反映出管道沿线高程位置，它是和平面图相对应的。图上应绘出以下内容：

1) 给出排水管道高程表，包括排水管道检查井的编号、井距、管段长度、管径、坡度、地面高程、管内底高程、埋深、管道材料、接口形式、基础类型等。

2) 给出地面高程线、管线高程线、检查井沿线支管接入处的位置、管径、高程，以及其他地下管线、构筑物交叉点的位置和高程。

1. 管道纵断面图的识读步骤分为 3 步

1) 首先看该管道纵断面图形中有哪些节点。

2) 在相应的室外排水平面图中查找该管道及其相应的各节点。

3) 在该管道纵断面图的数据表格内查找其管道纵断面图形中各节点的有关数据。

2. 污水管道纵断面图的识读

如图 6-7 所示为某室外污水管道的纵断面图。

图 6-7 是小区雨水检查井编号为 W149～W159 的污水管道纵断面图。纵向比例为 1:100，横向比例为 1:1000。纵断面图的纵向标注内容依次为设计地面标高、设计管内底标高、管底埋深、管径（坡度）、管道长度、基础、检查井编号。从图中可以了解各检查井及管段的上述内容。检查井 W158～W159 有一雨水管道接入标高为 47.314m，管径为 DN400。检查井 W150 处有个圆圈表示有一污水管道接入，其标高为 47.462m，管径为 DN300，在前进方向的右侧接入该检查井（W152 等类似）。W155、W156 地面坡降较大，W155 为跌水井，跌落高度 1.063m。

3. 雨水管道纵断面图的识读

图 6-8 为某室外雨水管道的纵断面图。

图 6-8 是小区雨水检查井编号为 Y76～Y84 的雨水管道纵断面图。纵向比例为 1:100，横向比例为 1:1000。纵断面图的纵向标注内容依次为设计地面标高、设计管内底标高、管底埋深、管径（坡度）、管道长度、基础、检查井编号，从图中可以了解各雨水检查井及管段的上述内容。检查井 Y83 有一雨水管道接入标高为 43.821m，管径为 DN400，跌水高点为 0.2m。

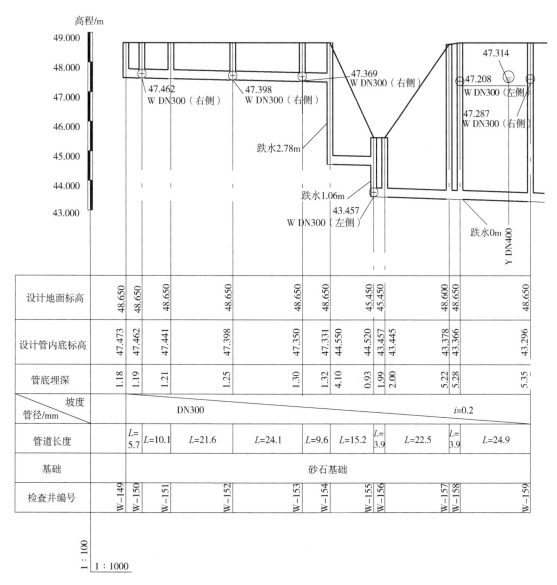

图 6-7　某室外污水管道的纵断面图

6.3　排水附属构筑物大样图

由于排水管道平面图、纵断面图所用比例较小,排水管道上的附属构筑物均用符号画出,附属构筑物本身的构造及施工安装要求都不能表示清楚。因此,在排水管道设计中,用较大的比例画出附属构筑物施工大样图。大样图比例通常为1:5、1:10 或 1:20。

排水附属构筑物大样图包括化粪池、隔油池、检查井、跌水井、排水口和雨水口等。

1. 化粪池

化粪池有圆形和矩形两种,多采用矩形,在污水量较少或地盘较小时可考虑圆形化粪

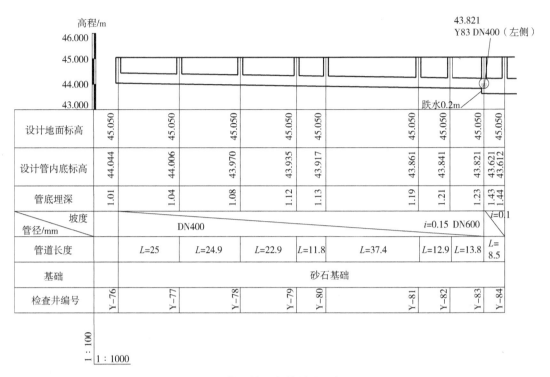

图 6-8　某室外雨水管道的纵断面图

池。矩形化粪池长、宽、高的比例可根据平流沉淀池的设计计算理论，按污水悬浮物的沉降条件和积存数量由水力计算确定。化粪池的设计流量较小时，宽度不得小于 0.75m，深度不得小于 1.3m。为减少污水和腐化污泥的接触时间，便于清淘污泥，改善运行条件，化粪池常做成两格或三格，其结构如图 6-9 所示。

2. 隔油池

食品加工车间、公共食堂和饮食业排放的污水中，含有较多的动物和植物油脂，此类油脂进入排水管道后，会凝固附着于管壁，缩小或阻塞管道。汽车库、汽车洗车台及其他类似的场所，排水中含有汽油和机油等矿物油，进入管道后会挥发、聚集在检查井处，达到一定的浓度后，容易发生爆炸和引起火灾，破坏管道，因此对于上述含油废水需进行隔油处理才可排入排水系统。隔油池内存油容积可取该池容积的 25%。当处理水质要求较高时可采用两级除油池。向除油池中曝气可提高除油效果，曝气量可取 0.2m³/m²，水力停留时间可取 30min。对夹带杂质的含油污水，应在隔油井内设沉淀部分，生活污水和其他污水不得排入隔油池内，以保障隔油池正常工作，其结构如图 6-10 所示。

3. 检查井

检查井井深为盖板顶面到井底的深度，工作室高度可从导流槽算起，合流管道由管底算起，一般为 1.80m。检查井的内径，当井深小于 1.0m 时直径大于 600mm，井深大于 1.0m 时，井的直径不宜小于 700mm。检查井底导流槽转弯时，其中心线的转弯半径按转角大小和管径确定，且大于最大管的管径。塑料排水管与检查井采用柔性接口或承插管件连接。排水检查井的大样图如图 6-11 所示。

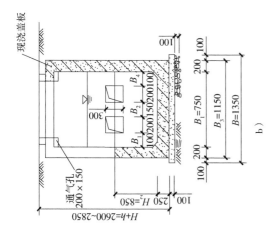

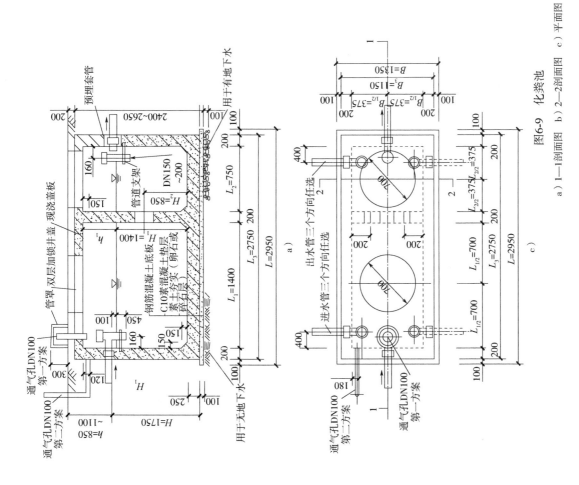

图6-9 化粪池

a) 1—1剖面图 b) 2—2剖面图 c) 平面图

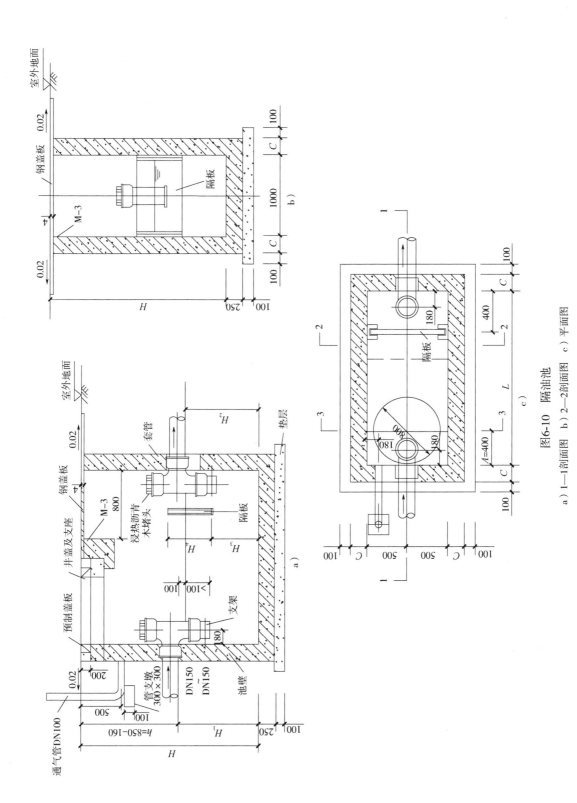

图6-10 隔油池

a) 1—1剖面图 b) 2—2剖面图 c) 平面图

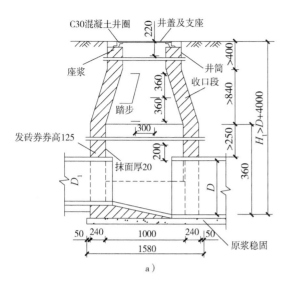

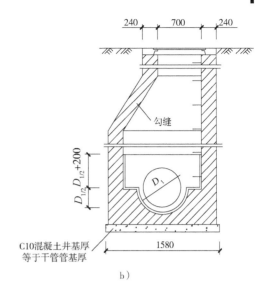

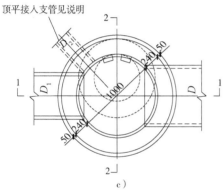

图 6-11　排水检查井大样图

a) 1—1 剖面图　b) 2—2 剖面图　c) 平面图

4. 雨水口

平箅雨水口的箅口宜低于道路路面 30 ~ 40mm，低于土地面 50 ~ 60mm。雨水口的深度应大于 1m。雨水口的大样图如图 6-12 所示。

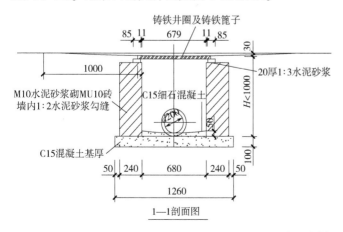

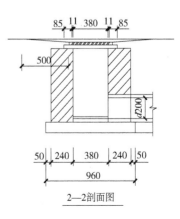

图 6-12　雨水口大样图

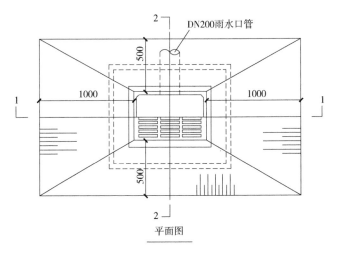

图 6-12 雨水口大样图（续）

5. 跌水井

水头高度及跌水方式按水力计算确定。跌水水头总高度过大时采用多个跌水井分级跌水方式。跌水井的大样图如图 6-13 所示。

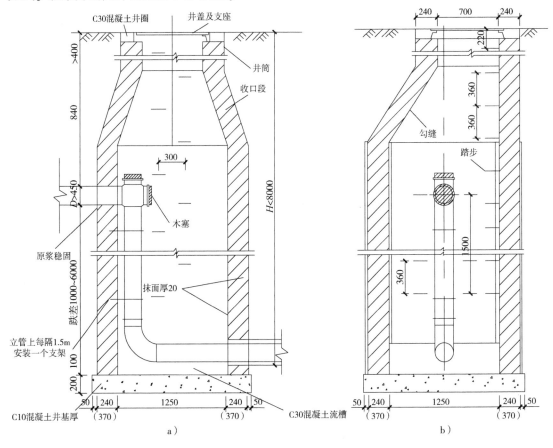

图 6-13 跌水井大样图

a）1—1 剖面图　b）2—2 剖面图

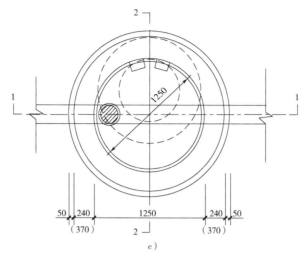

图 6-13 跌水井大样图 (续)

c) 平面图

参 考 文 献

[1] 周业梅. 建筑设备识图与施工工艺 [M]. 2 版. 北京：北京大学出版社，2015.

[2] 程灯塔. 建筑工人识图速成与技法 [M]. 南京：江苏科学技术出版社，2007.

[3] 朴芬淑. 建筑给水排水施工图识读 [M]. 2 版. 北京：机械工业出版社，2013.

[4] 中国建筑标准设计研究院. 民用建筑工程给水排水设计深度图样（2009 年合订本）：S901～902. 北京：中国计划出版社，2009.

[5] 张瑞祯. 建筑给排水工程施工图识读要领与实例 [M]. 北京：中国建材工业出版社，2013.

[6] 高霞，杨波. 建筑给水排水施工图识读技法 [M]. 合肥：安徽科学技术出版社，2011.

[7] 李亚峰，张克峰. 建筑给水排水工程 [M]. 3 版. 北京：机械工业出版社，2018.

[8] 王增长. 建筑给水排水工程 [M]. 7 版. 北京：中国建筑工业出版社，2016.

[9] 上海市城乡建设和交通委员会. 建筑给水排水设计规范（2009 年版）：GB 50015—2003 [S]. 北京：中国计划出版社，2010.

[10] 郭爱云. 建筑给水排水工程识图学用速成 [M]. 北京：中国电力出版社，2015.

[11] 张建边. 建筑给水排水施工图识图口诀与实例 [M]. 北京：化学工业出版社，2015.

[12] 王凤宝. 一套图学会识读给水排水与暖通施工图 [M]. 武汉：华中科技大学出版社，2015.

[13] 刘锋，刘元喆. 室内装饰给排水工程识图与施工 [M]. 北京：化学工业出版社，2014.

[14] 伍培，李志生. 建筑给水排水施工图识读与常见疏漏分析 [M]. 北京：机械工业出版社，2009.

[15] 邓爱华. 建筑给排水实训指导 [M]. 北京：科学出版社，2003.

[16] 何斌，陈锦昌，陈炽坤. 建筑制图 [M]. 5 版. 北京：高等教育出版社，2005.

[17] 王成刚，张建新. 工程识图与绘图 [M]. 武汉：武汉理工大学出版社，2009.

[18]《城乡建设》编辑部. 建筑工程施工识图入门 [M]. 北京：中国电力出版社，2006.

[19] 朱建国，叶晓芹，甘民. 建筑工程制图 [M]. 3 版. 重庆：重庆大学出版社，2012.

[20] 姜湘山. 怎样看懂建筑设备图 [M]. 2 版. 北京：机械工业出版社，2008.

[21] 冯刚. 建筑设备与识图 [M] 北京：中国计划出版社，2008.

[22] 朴芬淑. 建筑给水排水设计与施工 [M]. 2 版. 北京：机械工业出版社，2016.

[23] 吴昊，张莉莉，张平. 建筑给水排水施工 20 讲 [M]. 北京：机械工业出版社，2014.